中学入試 実力突破 算数 計算と一行問題

1. 偏差値63を超える難関校を目指す受験生

「難関校突破のカギは何か。」この問いに対して，ならば，それは毎日少なくとも1題は「解けない問題に出成したいのであれば，その日のうちに「解けない問題を克服する」ことです。

本書を使う受験生の皆さんは塾などで多くの問題を解き，受験算数の難しさを体験していることかと思います。そして日々，頭を悩ませつつ，さまざまな問題と向き合っていることでしょう。本書では，そのような皆さんが「入試本番で目にしたくない問題」，言いかえれば「他の受験生と差がつく問題」をもっとも効果的に学べるよう配置しています。

小学生にとって合格までの道のりは，大変厳しいものです。受験勉強なんか忘れて遊びたいはずです。しかし，あっという間に受験の日はやってきます。今はグッとがまんして，毎日悩み，毎日克服してください。その地道な努力が輝かしい思い出に変わることを心より祈っています。

著者しるす

2. 本書のしくみ

パート1からパート3までを通して，難関校で求められる「計算力・瞬発力・思考力」を習得するために，計算問題・図形問題・一行問題をあえて分野別にせず，ランダムに60日分，易→難 の順に掲載しています。

◇ **パート1** （1日目から30日目）

偏差値50台の人が偏差値60を超えられるような問題，すでに偏差値60前後であれば，絶対に落とせない問題を取り上げています。今持っている算数の力をさらに高めましょう。

◇ **パート2** （31日目から60日目）

偏差値60～65レベルの入試でよく出る問題を取り上げています。他の受験生と差をつけられるよう，確実に正解できるようにしましょう。

◇ **パート3** （巻末）

文章題のみの比較的難しいチャレンジ問題を集めています。パート2まで終えてから，時間制限を設けずじっくり取り組んでください。

3. 効果的な使い方

1日分（3問）にかける時間の目安は，10分から15分程度を想定しています。入試本番に向けた朝型のリズム作りのためにも，学校へ行く前など毎朝1日分ずつ計画的に取り組んでください。時間内に解けなくてもかまいませんが，入試本番のつもりで緊張感をもってのぞみましょう。そして，その日のうちに「なぜ解けなかったのか。」という点に注意しながら，「解き方」を理解してください。計算ミスをした問題や解けなかった問題は□にチェックしておき，1週間ほどあけて復習すると，より効果的です。

1日目

① $5.2-3.5\times1.2\div3$ 〔桐朋中〕

② $56789-54321+98765-12345=11111\times\square$ 〔実践女子学園中〕

③ 4でわると1余り，5でわると2余り，7でわると2余る整数のうち，500にもっとも近い数を求めなさい。 〔麻布中－改〕

2日目

① $123+456+231+564+312+645$ 〔洛南高附中〕

② $12\times(34+\square\div7)\div8-9=60$ 〔本郷中〕

③ はじめ，A君とB君の所持金の比は9:5でした。その後，A君は420円を使い，B君は200円をもらったので，A君とB君の所持金の比は3:5になりました。はじめのA君の所持金を求めなさい。

（　月　日）

① $5.2-3.5\times1.2\div3$

（答）

② $56789-54321+98765-12345=11111\times\square$

（答）

③

（答）

（　月　日）

① $123+456+231+564+312+645$

（答）

② $12\times(34+\square\div7)\div8-9=60$

（答）

③

（答）

3日目

① $45000\times0.0018\div36$ 〔学習院女子中〕

② 毎時 72 km＝毎秒□m 〔吉祥女子中〕

③ 右の図のようなマス目があり，AからBまで遠回りせずに進むとき，その行き方は全部で何通りありますか。ただし，×印の場所を通ることはできません。

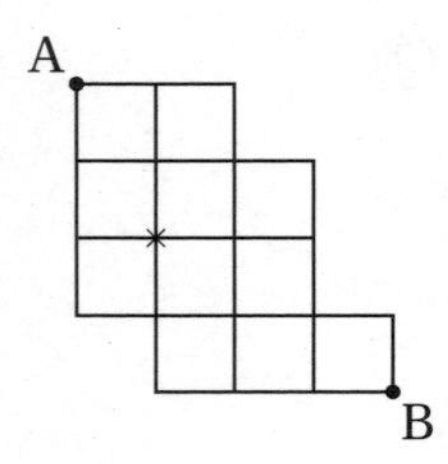

4日目

① $30.3\times20.2-6\times100.01$ 〔ラ・サール中〕

② 右の図の印をつけた角の大きさの和を求めなさい。

③ A君が，先に出発したB君を追いかけます。A君が時速 12 km で追いかけたときは 6 時間でB君に追いつき，時速 15 km で追いかけたときは 4 時間で追いつきます。B君の進む速さは時速何 km ですか。ただし，B君は一定の速さで進むものとします。

(　月　日)

① $45000 \times 0.0018 \div 36$

(答)

② 毎時 72 km＝毎秒□m

(答)

③ A B

(答)

(　月　日)

① $30.3 \times 20.2 - 6 \times 100.01$

(答)

②

(答)

③

(答)

5日目

① $15-5\times(28-18\div3)+16\times8$ 〔法政大中〕

② $14\times1.4-\square\times9.8+16\times2.45=4.9$ 〔東大寺学園中〕

③ 右の図の台形で，AD：BC＝4：5，(アの面積)：(イの面積)＝3：2 のとき，BE：EC を求めなさい。

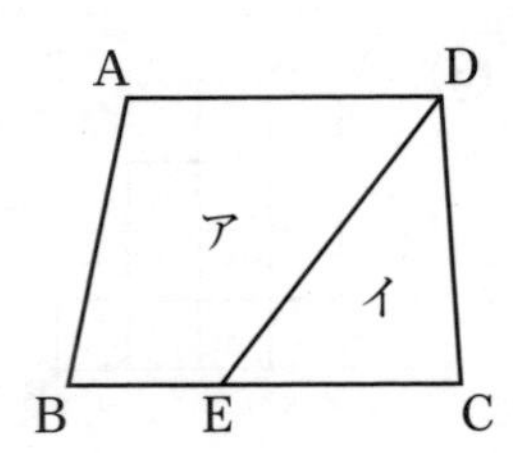

6日目

① $6.5\times2.3-93.6\div12.48\div1.2$ 〔学習院中〕

② $3+8+13+18+23+28+33+38+43+48+53+58+63$ 〔四天王寺中〕

③ ある遊園地では開園前に，すでに 576 人が改札口に並んでおり，開園後も毎分同じ数の人が同じ間隔(かんかく)でやってきて，列に並びます。改札口が 1 つのときは 32 分で，改札口が 2 つのときは 12 分 48 秒で列がなくなります。改札口が 3 つのとき，開園後何分で列がなくなりますか。 〔筑波大附中ー改〕

(月 日)

① $15-5\times(28-18\div3)+16\times8$

(答)

② $14\times1.4-\square\times9.8+16\times2.45=4.9$

(答)

③

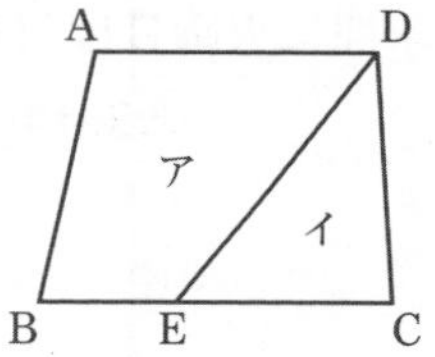

A D
ア
イ
B E C

(答)

(月 日)

① $6.5\times2.3-93.6\div12.48\div1.2$

(答)

② $3+8+13+18+23+28+33+38+43+48+53+58+63$

(答)

③

(答)

7日目

① $(9.2-8)\times\frac{1}{24}+0.2$ 〔ラ・サール中〕

② 8時間42分÷9−10分24秒×5＝□分 〔攻玉社中〕

③ 2011年の2月は28日まであり，2月1日は火曜日です。2011年の1年間に火曜日は何日ありますか。 〔攻玉社中－改〕

8日目

① $97\times0.25+260\times\frac{1}{40}-103\div4$ 〔公文国際学園中〕

② 右の図のおうぎ形OABで，アの角の大きさを求めなさい。 〔明治大付属中野中－改〕

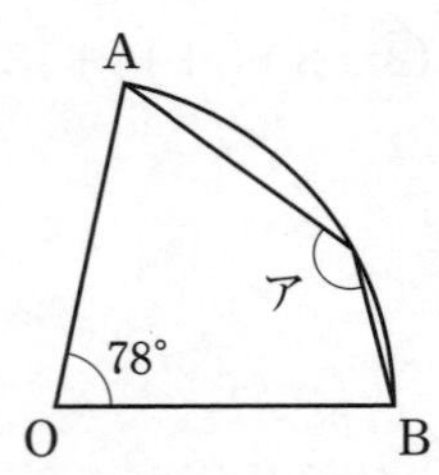

③ 1，4，9，16，25，36，49，64，……と，数があるきまりに従って並んでいます。連続した3つの数の和が6914となるとき，3つの数の中でもっとも大きい数を求めなさい。

(月 日)

① $(9.2-8)\times\frac{1}{24}+0.2$

(答) 

② 8時間42分÷9−10分24秒×5=□分

(答) 

③

(答) 

(月 日)

① $97\times0.25+260\times\frac{1}{40}-103\div4$

(答) 

②

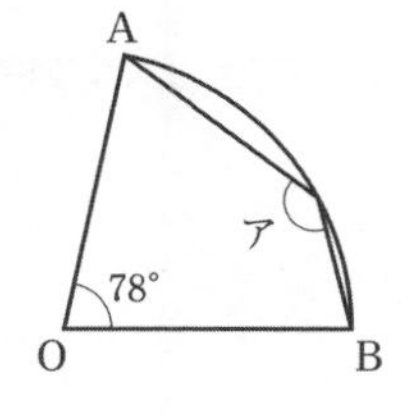

(答)

③

(答)

9日目

① $4\frac{1}{8}-\frac{5}{6}\div0.8+2\frac{1}{2}\times1\frac{3}{4}$ 〔國學院大久我山中〕

② $3\frac{3}{5}+1\frac{3}{8}\times\square=5\frac{1}{4}$ 〔慶應義塾湘南藤沢中〕

③ 右の図のように，ある規則に従って数が並べられた表があります。175 は何行目の何列目にありますか。

	1列	2列	3列	4列	5列	
1行	1	5	11	19	29	
2行	3	9	17	27		
3行	7	15	25			
4行	13	23				
5行	21					

10日目

① $100\div100-100\div(100+100)-100\div100\div100$ 〔森村学園中〕

② $\left(\square-\frac{2}{3}\right)\times\frac{17}{20}+\frac{1}{5}=\frac{7}{30}$ 〔フェリス女学院中〕

③ 右の図のように，1辺1cmの立方体を積み重ねていきます。7段重ねたときの立体の表面積は何cm^2ですか。 〔芝　中－改〕

1段　2段　3段

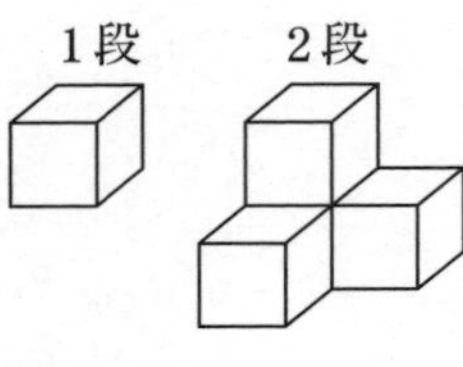

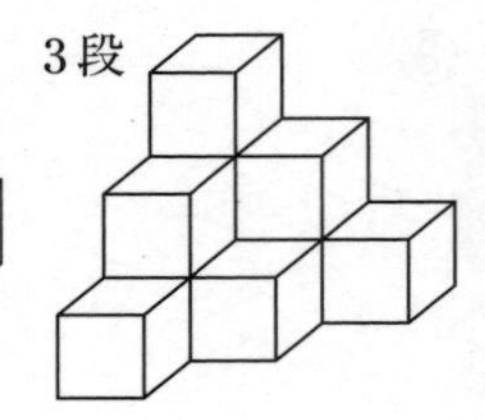

（　　月　　日）

① $4\frac{1}{8}-\frac{5}{6}\div 0.8+2\frac{1}{2}\times 1\frac{3}{4}$

（答）

② $3\frac{3}{5}+1\frac{3}{8}\times\square=5\frac{1}{4}$

（答）

③

（答）

（　　月　　日）

① $100\div 100-100\div(100+100)-100\div 100\div 100$

（答）

② $\left(\square-\frac{2}{3}\right)\times\frac{17}{20}+\frac{1}{5}=\frac{7}{30}$

（答）

③ 1段　2段　3段

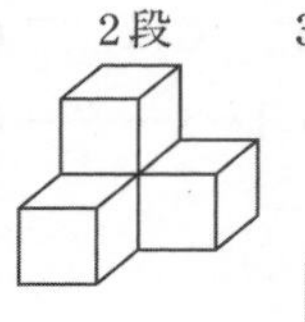

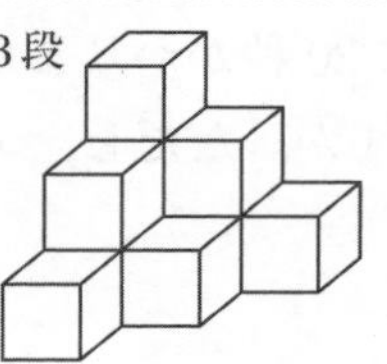

（答）

11日目

□□ ① $1\frac{1}{3}+\left(0.35+\frac{1}{4}\right)\div\frac{1}{10}-6.5$ 〔栄東中〕

□□ ② $0.14\,\text{ha}-7.5\,\text{a}=\square\,\text{m}^2$ 〔東京都市大付中〕

□□ ③ 縦 2 cm，横 4 cm の長方形のタイル A と，1 辺 3 cm の正方形のタイル B がそれぞれ何枚かあります。すべてのタイルの面積の和が 152 cm^2 で，すべてのタイルの周の長さの和が 216 cm のとき，タイル A は何枚ありますか。 〔桐朋中－改〕

12日目

□□ ① $31.4\times0.2-12\times0.314$ 〔東京学芸大附属竹早中〕

□□ ② 右の図の台形 ABCD において，三角形 APD は直角二等辺三角形，AB＝6 cm，CD＝3 cm のとき，三角形 APD の面積は何 cm^2 ですか。 〔吉祥女子中－改〕

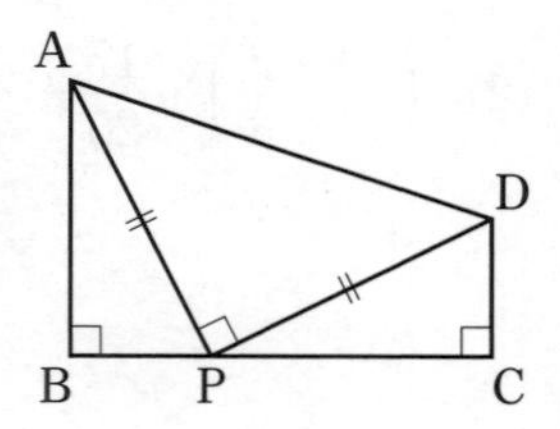

□□ ③ あるエレベーターは，1 階から 5 階まで上がるのに 20 秒かかります。では，このエレベーターで 1 階から 10 階まで上がるのに何秒かかりますか。ただし，エレベーターの速さは一定とします。

(月 日)

① $1\frac{1}{3}+\left(0.35+\frac{1}{4}\right)\div\frac{1}{10}-6.5$

(答)

② $0.14\,\mathrm{ha}-7.5\,\mathrm{a}=\square\,\mathrm{m}^2$

(答)

③

(答) 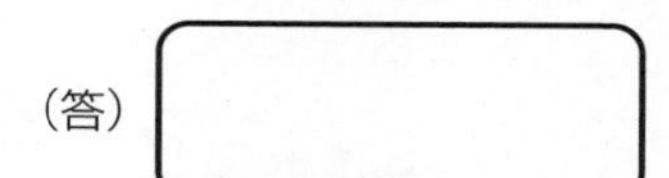

(月 日)

① $31.4\times0.2-12\times0.314$

(答)

②

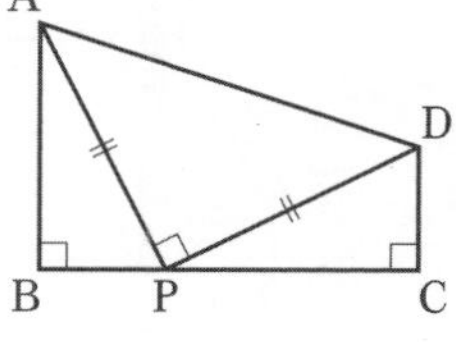

(答)

③

(答)

13日目

□□ ① $\frac{1}{2}+\frac{1}{3}-\frac{1}{4}\times\frac{1}{5}\div\frac{1}{6}\div\frac{1}{5}\times\frac{1}{4}-\frac{1}{3}+\frac{1}{2}$ 〔芝浦工業大中〕

□□ ② $\{15+3\times(\square-1)\}\times\frac{4}{5}=24$ 〔東京学芸大附属竹早中〕

□□ ③ 休まず働くと，A君1人では30日かかり，B君1人では45日かかる仕事があります。A君が2日働いて1日休み，B君が3日働いて1日休むとして，この仕事を2人ではじめると，何日目に仕上がりますか。

14日目

□□ ① $2.5\div\left(\frac{5}{18}\div1.5\right)\times\left(\frac{1}{9}\div0.5+\frac{2}{3}\right)$ 〔立教新座中〕

□□ ② $\frac{7}{12}\times3\frac{1}{5}-2\frac{1}{3}\div1\frac{3}{4}\div\square=1\frac{1}{3}$ 〔ラ・サール中〕

□□ ③ 2けたの整数AとBがあり，BはAより大きく，AとBの積が4560で最大公約数が4のとき，Aを求めなさい。

（　月　日）

① $\frac{1}{2}+\frac{1}{3}-\frac{1}{4}\times\frac{1}{5}\div\frac{1}{6}\div\frac{1}{5}\times\frac{1}{4}-\frac{1}{3}+\frac{1}{2}$

（答）

② $\{15+3\times(\square-1)\}\times\frac{4}{5}=24$

（答）

③

（答）

（　月　日）

① $2.5\div\left(\frac{5}{18}\div1.5\right)\times\left(\frac{1}{9}\div0.5+\frac{2}{3}\right)$

（答）

② $\frac{7}{12}\times3\frac{1}{5}-2\frac{1}{3}\div1\frac{3}{4}\div\square=1\frac{1}{3}$

（答）

③

（答）

15日目

① $\left(\frac{1}{2}+\frac{3}{4}\right)\div 0.5+\frac{1}{6}\times 7.8-\frac{9}{10}+1.1$ 〔豊島岡女子学園中〕

② $625\ \mathrm{m}^2\div 50\ \mathrm{cm}=\square\ \mathrm{m}$ 〔公文国際学園中〕

③ 右の図の辺 AB の長さは何 cm ですか。

〔渋谷教育学園渋谷中〕

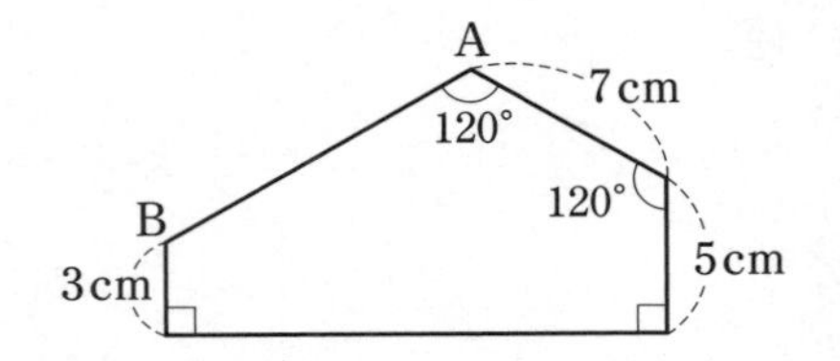

16日目

① $0.23\times 23+2.3\times 2.3-0.023\times 230$ 〔青山学院中〕

② 右の図のあの角度を求めなさい。

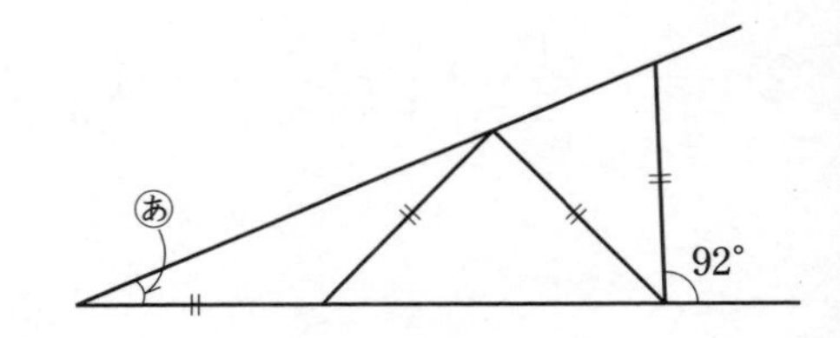

③ A～E の 5 人に 100 人が投票して，得票数の多い上位 3 人を委員とする選挙をしたところ，開票の途中(とちゅう)で右の表のようになりました。A は，あと何票で当選が確実になりますか。

A	B	C	D	E
13 票	30 票	9 票	10 票	17 票

（　月　日）

① $\left(\frac{1}{2}+\frac{3}{4}\right)\div 0.5+\frac{1}{6}\times 7.8-\frac{9}{10}+1.1$

（答）

② $625\ \mathrm{m}^2\div 50\ \mathrm{cm}=\square\ \mathrm{m}$

（答）

③

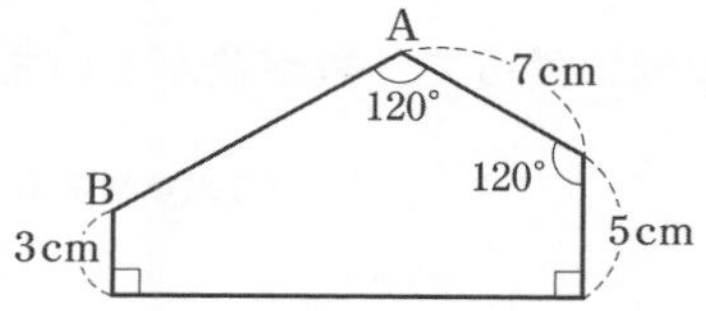

A
7cm
120°
120°
B
3cm
5cm

（答）

（　月　日）

① $0.23\times 23+2.3\times 2.3-0.023\times 230$

（答）

②

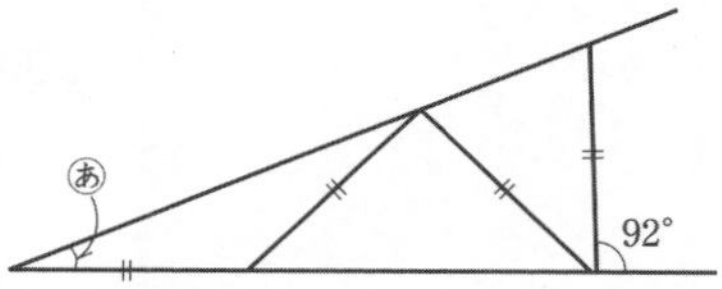

あ
92°

（答）

③

（答）

17日目

□□ ① $8.7\div\left\{4\frac{17}{30}-\left(3.8-1\frac{1}{6}\right)\right\}-1.95$ 〔桜蔭中〕

□□ ② $1\frac{1}{2}\times4-3\div\left(\square+\frac{4}{5}\right)\times\frac{3}{8}=5$ 〔栄東中〕

□□ ③ $1,\ \frac{1}{2},\ 1,\ \frac{1}{3},\ \frac{2}{3},\ 1,\ \frac{1}{4},\ \frac{1}{2},\ \frac{3}{4},\ 1,\ \cdots\cdots$ と，ある規則に従って，数が並んでいます。60番目の数を求めなさい。 〔立教女学院中－改〕

18日目

□□ ① $2005\div2\frac{1}{4}+2005\times\frac{8}{9}-2005\div1\frac{4}{11}$ 〔渋谷教育学園渋谷中〕

□□ ② $\frac{1}{2}+\frac{1}{6}+\frac{1}{12}+\frac{1}{20}+\frac{1}{30}+\frac{1}{42}+\frac{1}{56}+\frac{1}{72}$ 〔攻玉社中〕

□□ ③ あるクラスの生徒が宿泊(しゅくはく)します。1室の定員を5人ずつにすると，全部の部屋を使っても4人分たらなくなり，1室の定員を7人ずつにすると，だれも使わない部屋が1室できました。生徒の人数はもっとも多い場合で何人ですか。

(月 日)

① $8.7 \div \left\{4\frac{17}{30} - \left(3.8 - 1\frac{1}{6}\right)\right\} - 1.95$

(答)

② $1\frac{1}{2} \times 4 - 3 \div \left(\square + \frac{4}{5}\right) \times \frac{3}{8} = 5$

(答)

③

(答)

(月 日)

① $2005 \div 2\frac{1}{4} + 2005 \times \frac{8}{9} - 2005 \div 1\frac{4}{11}$

(答)

② $\frac{1}{2} + \frac{1}{6} + \frac{1}{12} + \frac{1}{20} + \frac{1}{30} + \frac{1}{42} + \frac{1}{56} + \frac{1}{72}$

(答)

③

(答)

19日目

① $75 \div 0.5 \times 3.25-(28-3) \times 3\frac{1}{4}+(19+4) \div \frac{4}{13}$ 〔世田谷学園中〕

② 3時間12分20秒$-\frac{209}{5}$分＝□時間□分□秒 〔大妻中〕

③ ある池の周りを，A君とB君は同じ方向に，C君は逆方向に，それぞれ一定の速さで回ります。A君はB君を15分ごとに追いこし，B君はC君と3分ごとに出会います。B君が7分かかって走る距離(きょり)をC君は8分で走ります。このとき，A君とB君とC君の速さの比を求めなさい。

〔麻布中－改〕

20日目

① $\left(\frac{1}{2}-\frac{1}{3}-\frac{1}{8}\right) \div \frac{1}{8}+\left(3\frac{1}{2}-2.3\right) \times \frac{1}{4}$ 〔東邦大付属東邦中〕

② □角形の対角線の本数は77本です。

③ 右の図の四角形ABCDは正方形で，三角形DEFは1辺の長さが8 cmの正三角形です。斜線(しゃせん)部分の面積の合計は何 cm^2 ですか。

〔洛南高附中－改〕

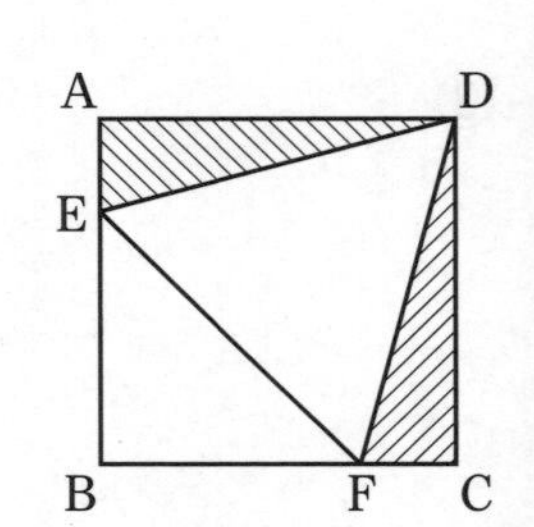

（　月　日）

① $75 \div 0.5 \times 3.25 - (28-3) \times 3\frac{1}{4} + (19+4) \div \frac{4}{13}$

（答）

② 3時間12分20秒$-\frac{209}{5}$分$=\square$時間$\square$分$\square$秒

（答）

③

（答）

（　月　日）

① $\left(\frac{1}{2}-\frac{1}{3}-\frac{1}{8}\right) \div \frac{1}{8} + \left(3\frac{1}{2}-2.3\right) \times \frac{1}{4}$

（答）

②

（答）

③

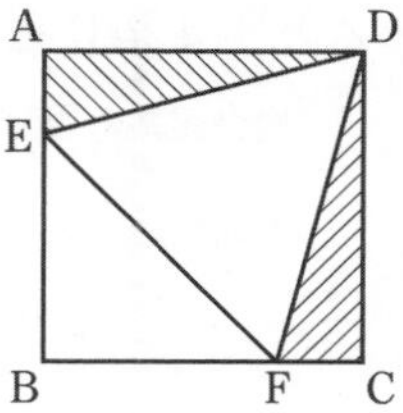

A D E B F C

（答）

21日目

□□ ① $0.6+\left(0.45\times3-\frac{3}{4}\right)\div6\times\frac{2}{3}-\frac{1}{4}$ 〔市川中〕

□□ ② $\left\{\left(\frac{7}{10}-\square\right)\times1.6+\frac{3}{100}\right\}\div\frac{5}{11}=0.33$ 〔女子学院中〕

□□ ③ 1×2×3×4×……×30 の計算をすると，一の位から 0 が何個連続して並びますか。

22日目

□□ ① $3.16\times0.45+8.5\times0.316-0.1\times9.48$ 〔高輪中〕

□□ ② $\frac{1}{10}+\frac{1}{40}+\frac{1}{88}+\frac{1}{154}$ 〔洛南高附中〕

□□ ③ 4 つの連続した 2 けたの整数があります。これら 4 つの数の和を 9 でわると，4 余りました。これら 4 つの数の和がもっとも小さくなるときの和を求めなさい。 〔慶應義塾普通部－改〕

（　月　日）

① $0.6+\left(0.45\times3-\frac{3}{4}\right)\div6\times\frac{2}{3}-\frac{1}{4}$

（答）

② $\left\{\left(\frac{7}{10}-\square\right)\times1.6+\frac{3}{100}\right\}\div\frac{5}{11}=0.33$

（答）

③

（答）

（　月　日）

① $3.16\times0.45+8.5\times0.316-0.1\times9.48$

（答）

② $\frac{1}{10}+\frac{1}{40}+\frac{1}{88}+\frac{1}{154}$

（答）

③

（答）

23日目

① $1\frac{3}{5}-\left\{4\times\left(3-\frac{1}{2}\right)\div3\right\}\div2\frac{1}{2}$ 〔桐蔭学園中〕

② 2：3＝(10－□)：(13－5÷2) 〔公文国際学園中〕

③ A町からB町まで行くのにかかる電車とバスの料金の合計は，昨年までは1350円でしたが，今年は電車料金が20％，バス料金が15％それぞれ値上がりしたので，同じコースで行くと全部で1590円かかりました。今年のバス料金を求めなさい。 〔慶應義塾中－改〕

24日目

① $2\times\left\{3-\frac{3}{10}\div\left(\frac{4}{5}-\frac{2}{3}\right)\right\}\div3$ 〔浦和明の星女子中〕

② 右の図のように，2つの長方形A，Bが重なっています。AとBの面積の和は123 cm^{2}で，重なった部分の面積はAの面積の$\frac{4}{9}$，Bの面積の$\frac{6}{7}$です。重なった部分の面積は何cm^{2}ですか。 〔日本大豊山中－改〕

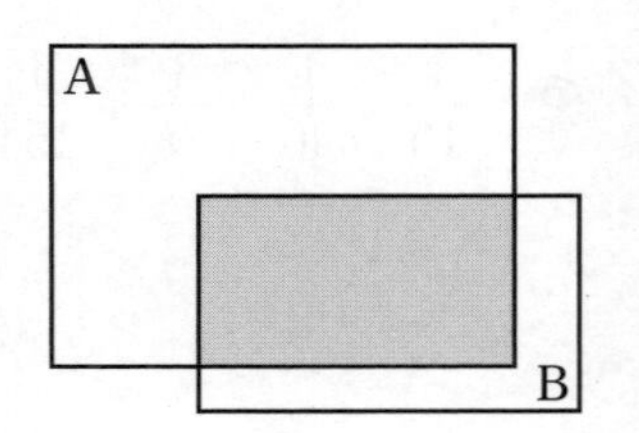

③ 1から12までの数字の書かれたカードが1枚ずつ12枚あり，この中から2枚のカードを選びます。カードの数の積が9の倍数になる場合は何通りありますか。ただし，取り出す順序は考えないものとします。 〔鷗友学園女子中－改〕

（　月　日）

① $1\frac{3}{5}-\left\{4\times\left(3-\frac{1}{2}\right)\div3\right\}\div2\frac{1}{2}$

（答）

② 2：3＝(10−□)：(13−5÷2)

（答）

③

（答）

（　月　日）

① $2\times\left\{3-\frac{3}{10}\div\left(\frac{4}{5}-\frac{2}{3}\right)\right\}\div3$

（答）

②

A

B

（答）

③

（答）

25日目

① $4+27\times\left(19.5\div1\frac{31}{34}+64.03\right)$ 〔雙葉中〕

② $\left(5\frac{1}{4}-4\frac{1}{2}\times\square\right)\div4\frac{2}{3}+1\frac{5}{14}=2$ 〔早稲田実業学校中〕

③ 右の図のアの角とイの角の大きさの和を求めなさい。ただし，同じ印は角の大きさが同じであることを表しています。

〔早稲田中－改〕

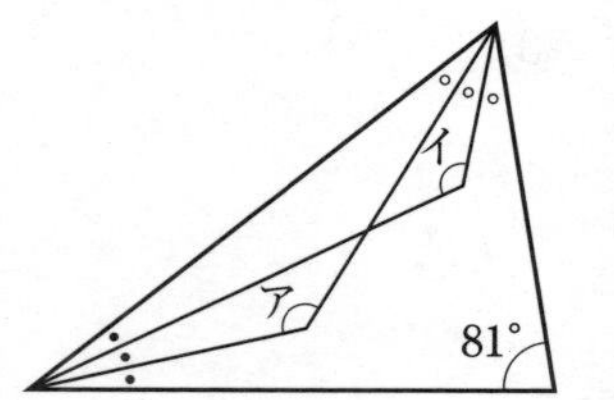

26日目

① $\left\{\left(3.4-1\frac{4}{7}\right)\times3.75-\frac{18}{5}\right\}\div\frac{95}{28}$ 〔東大寺学園中〕

② $3.827\div0.6=\square$ 余り $\square$ （商は小数第２位まで求め，余りも求めなさい。） 〔ラ・サール中〕

③ 船が川の下流のＡ地点から 60 km 上流のＢ地点まで行くのに，いつもは６時間かかります。ある日，エンジンが途中（とちゅう）で 24 分動かなくなったので，Ａ地点からＢ地点まで行くのに６時間 27 分かかりました。いつもはＡ地点とＢ地点を往復するのに何時間何分かかりますか。ただし，船の静水での速さと川の流れの速さはそれぞれ一定とします。 〔大阪星光学院中－改〕

(月 日)

① $4+27\times\left(19.5\div1\dfrac{31}{34}+64.03\right)$

(答) 

② $\left(5\dfrac{1}{4}-4\dfrac{1}{2}\times\square\right)\div4\dfrac{2}{3}+1\dfrac{5}{14}=2$

(答) 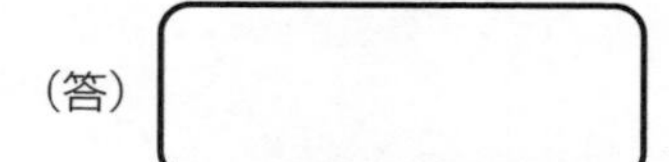

③

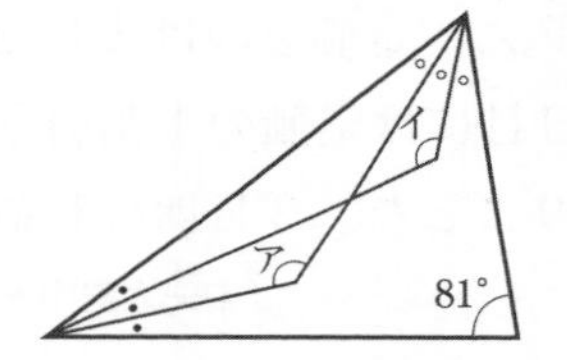

(答) 

(月 日)

① $\left\{\left(3.4-1\dfrac{4}{7}\right)\times3.75-\dfrac{18}{5}\right\}\div\dfrac{95}{28}$

(答) 

②

(答)

③

(答) 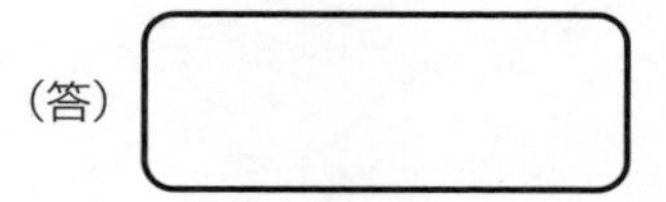

27日目

① $\left(3\frac{3}{4}-1\frac{5}{6}\right)\div\left(0.5+\frac{1}{3}\right)-3.44\div8.6$ 〔学習院中〕

② 180 mL＋1.5 L－0.3 dL＋0.0027 m^3＝□ cm^3 〔慶應義塾中〕

③ 原価 1800 円の品物を 250 個仕入れ，原価の 2 割 5 分の利益を見込(みこ)んで定価をつけました。1 日目にはこの定価で売りましたが，売れ残りが出たので，2 日目には定価の 1 割引きで 90 個が売れました。3 日目にはさらに 2 割引きにして，全部売りました。3 日間の利益の合計は 63900 円です。1 日目に売れた品物は何個ですか。 〔中央大附中－改〕

28日目

① $\left\{3\frac{2}{5}\div3.57+\left(\frac{11}{15}-0.4\right)\right\}\div5\frac{11}{14}$ 〔栄光学園中〕

② 右の図の印をつけた 7 つの角の大きさの和を求めなさい。 〔四天王寺中－改〕

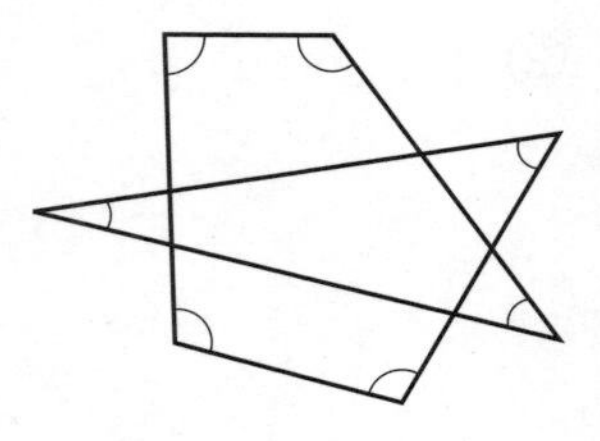

③ 1 から 150 までの整数をすべて書き並べたとき，数字の 1 は何個ありますか。 〔早稲田中－改〕

(　月　日)

① $\left(3\frac{3}{4}-1\frac{5}{6}\right)\div\left(0.5+\frac{1}{3}\right)-3.44\div8.6$

(答)

② 180 mL＋1.5 L－0.3 dL＋0.0027 m^3＝□ cm^3

(答)

③

(答)

(　月　日)

① $\left\{3\frac{2}{5}\div3.57+\left(\frac{11}{15}-0.4\right)\right\}\div5\frac{11}{14}$

(答)

②

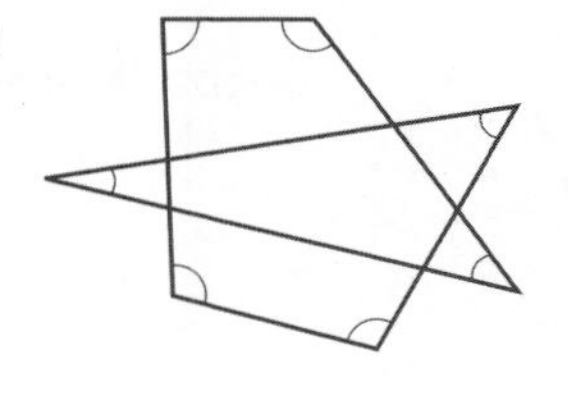

(答)

③

(答)

29日目

① $\frac{1}{2009}+\frac{1}{392}$ 〔灘　中〕

② $51-(24\times\square-\square\times15)\div6=48$ （□の中には同じ数が入ります。） 〔明治学院中〕

③ 4つの整数A，B，C，Dはすべて異なっていて，小さい順にA，B，C，Dとなっています。このうち，どの2つの整数をたしても18，24，26，28，34のどれかとなるとき，BとCの和を求めなさい。 〔灘中－改〕

30日目

① $2\frac{11}{12}\div2.625-0.5\times\left(\frac{221}{78}-\frac{4022}{6033}\right)$ 〔早稲田大高等学院中〕

② $\left(3\times0.25+4\frac{1}{2}\div\square\right)\div\frac{3}{2}=1$ 〔明治大付属明治中〕

③ 右の図のように，半径12 cm，中心角60度のおうぎ形に，正方形が入っています。斜線（しゃせん）部分の面積は何 cm^2 ですか。ただし，円周率は3.14とします。 〔暁星中－改〕

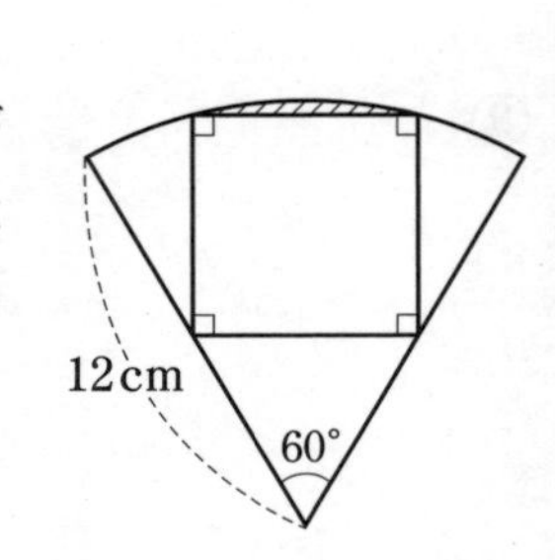

———————————————————————— (　月　日)

① $\dfrac{1}{2009}+\dfrac{1}{392}$

(答)

② $51-(24\times\square-\square\times15)\div6=48$　($\square$の中には同じ数が入ります。)

(答) 

③

(答) 

———————————————————————— (　月　日)

① $2\dfrac{11}{12}\div2.625-0.5\times\left(\dfrac{221}{78}-\dfrac{4022}{6033}\right)$

(答) 

② $\left(3\times0.25+4\dfrac{1}{2}\div\square\right)\div\dfrac{3}{2}=1$

(答) 

③

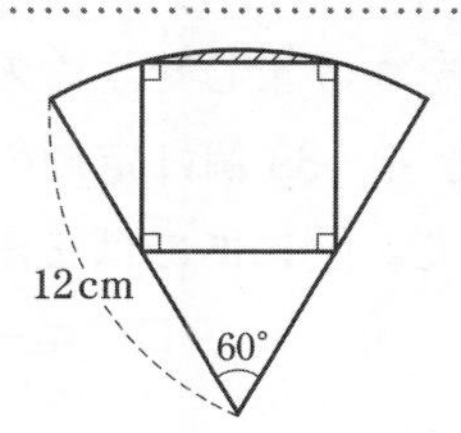

(答)

31日目

❶ $1-1\div〔1+1\div\{1+1\div(1+1)+1\}+1〕+1$ 〔大阪星光学院中〕

❷ $0.001\,\text{km}^2-500\,\text{m}^2+20000000\,\text{cm}^2=\square\,\text{m}^2$ 〔法政大第二中〕

❸ ある年の10月の水曜日の日にちをすべてたして7でわると，3余りました。このとき，この月の19日として考えられるのは，［ア］曜日か［イ］曜日です。 〔桜蔭中－改〕

32日目

❶ $\dfrac{2}{15}-\left(3\dfrac{1}{6}-\dfrac{2}{5}\div0.15\right)\times0.2$ 〔明治大付属中野中〕

❷ 右の図の斜線(しゃせん)部分の面積は何 cm^2 ですか。ただし，円周率は3.14とします。 〔立正大付属立正中－改〕

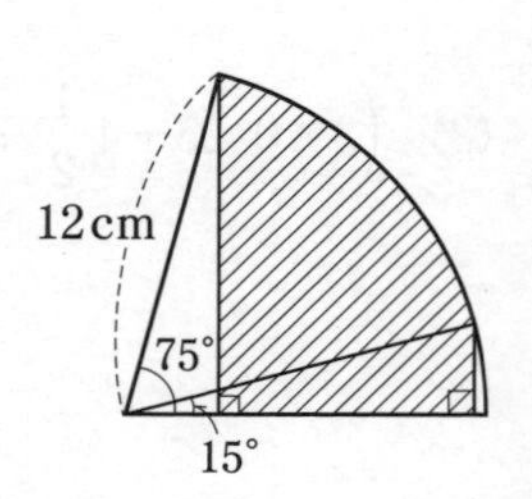

❸ 仕入れ値が400円の品物を80個仕入れ，仕入れ値の□%増しの定価をつけました。この品物を，80個のうち15個は定価の3割引きで，25個は定価の2割引きで，35個は定価のままで売り，5個は売れ残りました。その結果750円の利益となりました。□にあてはまる数を求めなさい。 〔芝　中－改〕

（　　月　　日）

❶ $1-1\div\{1+1\div\{1+1\div(1+1)+1\}+1\}+1$

（答）

❷ $0.001\ \mathrm{km}^2-500\ \mathrm{m}^2+20000000\ \mathrm{cm}^2=\square\ \mathrm{m}^2$

（答）

❸

（答）

（　　月　　日）

❶ $\dfrac{2}{15}-\left(3\dfrac{1}{6}-\dfrac{2}{5}\div0.15\right)\times0.2$

（答）

❷

12cm
75°
15°

（答）

❸

（答）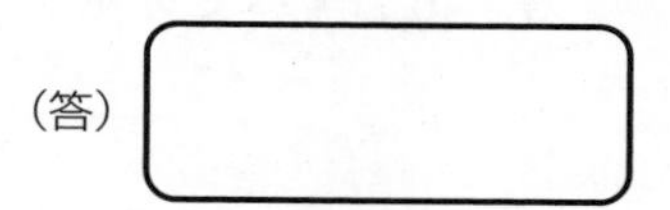

33日目

❶ $(1\div 0.625+5)\times\left\{1-(2-0.125)\div\left(13+\frac{1}{8}\right)-\frac{13}{21}\right\}$　〔頌栄女子学院中〕

❷ $\left(56-\square\times 1\frac{4}{5}\right)\div 1\frac{2}{3}-3.8=23.8$　〔西武学園文理中〕

❸ A君が3歩で歩く距離(きょり)をB君は4歩で歩き，A君が5歩歩く間に，B君は6歩歩きます。B君が先に出発して60歩歩いたときに，A君が歩き続けるB君を追いかけました。A君は出発してから何歩でB君に追いつきますか。

34日目

❶ $4\frac{3}{4}-\left\{\left(5\frac{1}{4}-0.125\times 2\frac{2}{3}\right)\div 5\frac{1}{3}+\frac{1}{16}\right\}\times 4$　〔サレジオ学院中〕

❷ $(111\times 777+122.1\times 333)\div(222\times 5550)$　〔渋谷教育学園渋谷中〕

❸ A，B，C3種類の水を入れるポンプが2台ずつあります。ある空の水槽(すいそう)を満水にするのに，A2台とB1台では108分，B2台とC1台では72分，C2台とA1台では54分かかります。6台すべてを使うと，空の水槽が満水になるまでに何分かかりますか。　〔灘　中−改〕

（　月　日）

❶ $(1\div0.625+5)\times\left\{1-(2-0.125)\div\left(13+\frac{1}{8}\right)-\frac{13}{21}\right\}$

（答）

❷ $\left(56-\square\times1\frac{4}{5}\right)\div1\frac{2}{3}-3.8=23.8$

（答）

❸

（答）

（　月　日）

❶ $4\frac{3}{4}-\left\{\left(5\frac{1}{4}-0.125\times2\frac{2}{3}\right)\div5\frac{1}{3}+\frac{1}{16}\right\}\times4$

（答）

❷ $(111\times777+122.1\times333)\div(222\times5550)$

（答）

❸

（答）

35日目

❶ $\frac{2}{3}\times\left\{2.25\div\left(\frac{3}{4}-\frac{2}{3}\div1\frac{1}{9}\right)\times\frac{1}{2}-3.3\right\}\div\frac{14}{3}$ 〔大阪星光学院中〕

❷ $\left\{11\frac{1}{2}\times\left(1-\frac{1}{5}\right)-2.25\times\square\right\}\div1\frac{2}{15}=1.5$ 〔昭和学院秀英中〕

❸ 右の図の正六角形の面積は216 cm^2 で，・は各辺を3等分する点です。斜線(しゃせん)部分の面積を求めなさい。 〔早稲田実業学校中－改〕

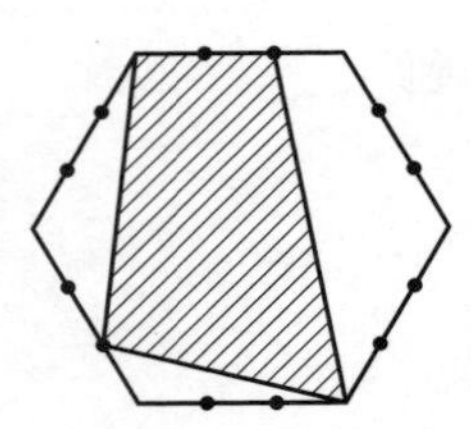

36日目

❶ $2\times7\times7\times\left(\frac{98}{99}-\frac{97}{98}\right)\times9\times11$ 〔洛南高附中〕

❷ 右の図のように，正方形の中に半径の等しい円とおうぎ形が入っています。正方形の面積が72 cm^2 のとき，斜線(しゃせん)部分の面積の和は何 cm^2 ですか。ただし，円周率は3.14とします。 〔甲陽学院中－改〕

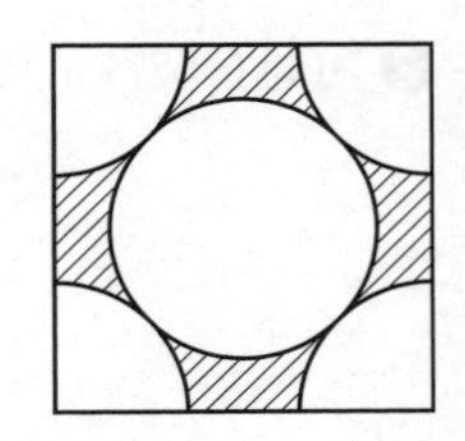

❸ 5つの異なる整数があり，このうち，3つずつの和が55，58，60，64，65，67，70，71，74，76となります。5つの整数をすべて求めなさい。

(月 日)

❶ $\frac{2}{3}\times\left\{2.25\div\left(\frac{3}{4}-\frac{2}{3}\div1\frac{1}{9}\right)\times\frac{1}{2}-3.3\right\}\div\frac{14}{3}$

(答)

❷ $\left\{11\frac{1}{2}\times\left(1-\frac{1}{5}\right)-2.25\times\square\right\}\div1\frac{2}{15}=1.5$

(答)

❸

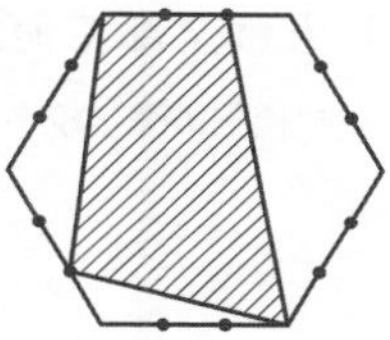

(答)

(月 日)

❶ $2\times7\times7\times\left(\frac{98}{99}-\frac{97}{98}\right)\times9\times11$

(答)

❷

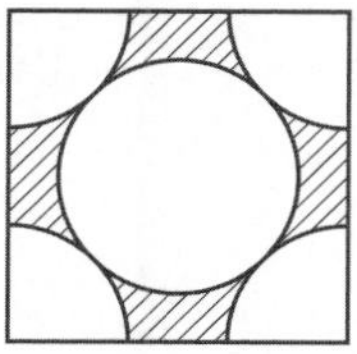

(答)

❸

(答)

37日目

□□ ❶ $\left\{1.2\times\left(\frac{5}{2}-\frac{2}{3}\right)-\left(\frac{14}{5}-\frac{1}{15}\right)\div\left(\frac{9}{2}-\frac{2}{5}\right)\times\frac{6}{5}\right\}\div 7$ 〔東大寺学園中〕

□□ ❷ $11\frac{2}{7}-\left(2.8+1\frac{1}{3}\div\square\right)\div 2.31=8\frac{2}{3}$ 〔雙葉中〕

□□ ❸ A，B，C，Dの4人が同時にじゃんけんをするとき，あいこになる出し方は全部で何通りありますか。 〔早稲田実業学校中－改〕

38日目

□□ ❶ $7\frac{1}{3}-\left\{3\frac{1}{2}-\left(4-2\frac{1}{4}\right)\times\frac{3}{14}\right\}\div\left(\frac{1}{6}+\frac{3}{7}\right)$ 〔東洋英和女学院中〕

□□ ❷ $\left\{2.52\div\left(1\frac{9}{20}+2.42\right)\div\square-3\right\}\div\frac{1}{2}=\frac{2}{9}$ 〔浅野中〕

□□ ❸ 長さ120 mの電車Aは，トンネルPに入り始めてから抜(ぬ)けるのに60秒かかります。長さ80 mの電車Bは，トンネルQに入り始めてから抜けるのに80秒かかります。トンネルQの長さはトンネルPの長さの2倍で，電車Aの速さは電車Bの速さの0.75倍です。トンネルPの長さは何mですか。 〔大阪星光学院中－改〕

（　　月　　日）

❶ $\left\{1.2\times\left(\frac{5}{2}-\frac{2}{3}\right)-\left(\frac{14}{5}-\frac{1}{15}\right)\div\left(\frac{9}{2}-\frac{2}{5}\right)\times\frac{6}{5}\right\}\div7$

（答）

❷ $11\frac{2}{7}-\left(2.8+1\frac{1}{3}\div\square\right)\div2.31=8\frac{2}{3}$

（答）

❸

（答）

（　　月　　日）

❶ $7\frac{1}{3}-\left\{3\frac{1}{2}-\left(4-2\frac{1}{4}\right)\times\frac{3}{14}\right\}\div\left(\frac{1}{6}+\frac{3}{7}\right)$

（答）

❷ $\left\{2.52\div\left(1\frac{9}{20}+2.42\right)\div\square-3\right\}\div\frac{1}{2}=\frac{2}{9}$

（答）

❸

（答）

39日目

❶ $2\times\left(\frac{3}{4}\div\frac{1}{5}-\frac{6}{5}\div\frac{4}{3}\right)-\frac{2}{3}\times\left(\frac{3}{4}\div\frac{1}{5}-\frac{6}{5}\div\frac{4}{3}\right)-\left(\frac{3}{4}\div\frac{1}{5}-\frac{2}{3}\div\frac{5}{4}\right)$ 〔洛星中〕

❷ $999\times999\times999-998\times999\times1000$ 〔攻玉社中〕

❸ 1個につき720円の利益を見込(みこ)んで，ある品物に定価をつけました。この品物を定価の1割2分引きで14個売ったときの利益は，定価の2割引きで21個売ったときの利益と同じになります。この品物の原価は何円ですか。

40日目

❶ $\left\{\left(\frac{7}{11}-0.61\right)\times4\frac{1}{3}\right\}\div\left\{\frac{8}{5}\times\left(\frac{3}{2}+0.7\right)+\frac{1}{4}\right\}$ 〔栄光学園中〕

❷ 右の図のおうぎ形において，AD＝BD＝6 cm，弧(こ)BCの真ん中の点をEとします。このとき，斜線(しゃせん)部分の面積は何cm^2ですか。ただし，円周率は3.14とします。

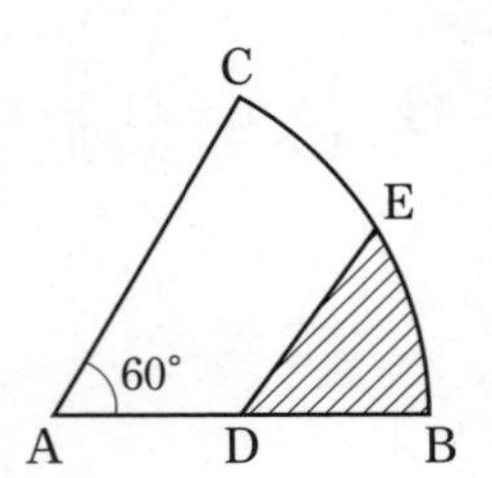

❸ 右の図のように，小さな立方体を積み重ねて大きな立方体を作り，3点A，B，Cを通る平面で切断します。切断されない小さな立方体は全部で何個ですか。

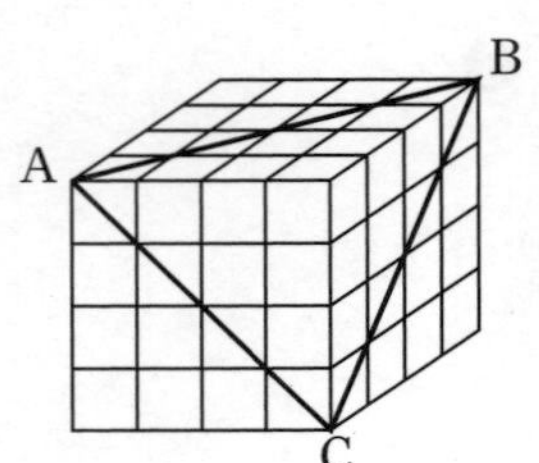

(月 日)

❶ $2\times\left(\frac{3}{4}\div\frac{1}{5}-\frac{6}{5}\div\frac{4}{3}\right)-\frac{2}{3}\times\left(\frac{3}{4}\div\frac{1}{5}-\frac{6}{5}\div\frac{4}{3}\right)-\left(\frac{3}{4}\div\frac{1}{5}-\frac{2}{3}\div\frac{5}{4}\right)$

(答)

❷ $999\times999\times999-998\times999\times1000$

(答)

❸

(答) 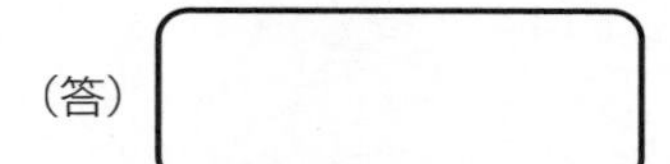

(月 日)

❶ $\left\{\left(\frac{7}{11}-0.61\right)\times4\frac{1}{3}\right\}\div\left\{\frac{8}{5}\times\left(\frac{3}{2}+0.7\right)+\frac{1}{4}\right\}$

(答)

❷

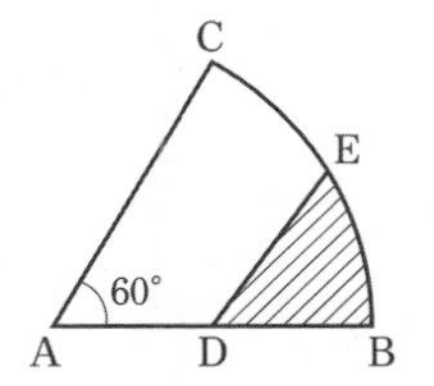

(答)

❸

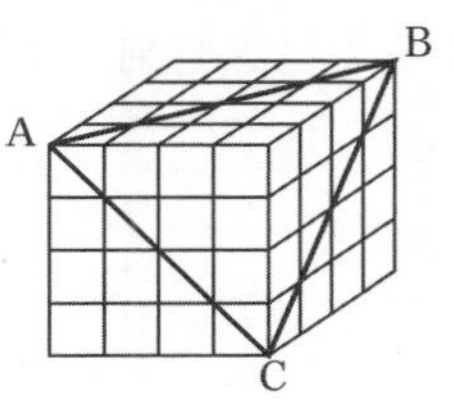

(答)

41日目

❶ $3.8\times\left\{4\frac{2}{3}-\left(2.75+4\frac{1}{3}\right)\div2\frac{5}{6}\right\}\div6\frac{1}{3}$ 〔渋谷教育学園渋谷中〕

❷ $\left[\left\{\left(\square-\frac{1}{2}\right)\times\frac{1}{3}-\frac{1}{4}\right\}\div\frac{1}{5}-\frac{1}{6}\right]\div7=4\frac{11}{12}$ 〔洛南高附中〕

❸ 1本100円のジュースがあり，1本に1枚のシールがついています。シールを8枚集めると，シール付きのジュースが1本もらえます。50本のジュースが必要なとき，お金は最低いくら必要ですか。

42日目

❶ $\frac{10}{3}\times\left\{\frac{1}{77}\times(58.22-34.79)-\frac{9}{35}\right\}\div\frac{6}{35}$ 〔洛星中〕

❷ $\left(1.25-\frac{5}{7}\right)\times\frac{7}{18}-\left(0.35\div3\frac{1}{2}\right)=\square-\frac{3}{8}\times0.6$ 〔桜蔭中〕

❸ 3時と4時の間で，時計の長針と短針が3時をはさんで同じ角度になるのは3時何分ですか。

（　月　日）

❶ $3.8\times\left\{4\frac{2}{3}-\left(2.75+4\frac{1}{3}\right)\div2\frac{5}{6}\right\}\div6\frac{1}{3}$

（答）

❷ $\left[\left\{\left(\square-\frac{1}{2}\right)\times\frac{1}{3}-\frac{1}{4}\right\}\div\frac{1}{5}-\frac{1}{6}\right]\div7=4\frac{11}{12}$

（答）

❸

（答）

（　月　日）

❶ $\frac{10}{3}\times\left\{\frac{1}{77}\times(58.22-34.79)-\frac{9}{35}\right\}\div\frac{6}{35}$

（答）

❷ $\left(1.25-\frac{5}{7}\right)\times\frac{7}{18}-\left(0.35\div3\frac{1}{2}\right)=\square-\frac{3}{8}\times0.6$

（答）

❸

（答）

43日目

❶ $\left\{\left(\frac{1}{4}-\frac{1}{25}\right)\times\left(\frac{1}{3}-\frac{1}{7}\right)\right\}\div\frac{4}{25}+(0.12\div0.1-1)\div\frac{2}{5}-\frac{2}{5}$ 〔四天王寺中〕

❷ $2\frac{1}{60}$ 日$-\frac{107}{108}$ 日$-$23 時間 47 分 20 秒$=\square$ 分 〔洛南高附中〕

❸ 財布の中に，1 円玉，5 円玉，10 円玉，50 円玉が 2 枚ずつあります。これらを使ってちょうど支払(しはら)うことのできる金額は全部で何通りありますか。ただし，0 円は除きます。

〔洛南高附中－改〕

44日目

❶ $\frac{17}{18}\times2.25-\left\{1\frac{1}{4}-\left(\frac{23}{24}-0.375\right)\right\}\div1.6\div\left(\frac{7}{6}-\frac{31}{33}\right)$ 〔浅野中〕

❷ 右の図の正三角形 ABC の面積が 80 cm^2 のとき，中の正三角形 DEF の面積は何 cm^2 ですか。 〔慶應義塾中－改〕

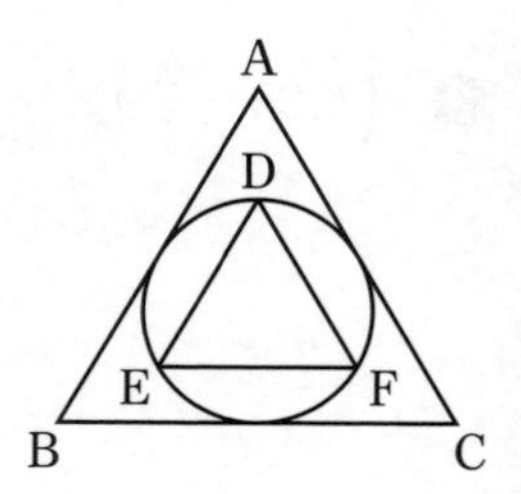

❸ アとイは整数で，アよりイが大きく，$\frac{1}{8}=\frac{1}{ア}+\frac{1}{イ}$ となるとき，ア，イにあてはまる数の組み合わせをすべて求めなさい。

(　　月　　日)

❶ $\left\{\left(\frac{1}{4}-\frac{1}{25}\right)\times\left(\frac{1}{3}-\frac{1}{7}\right)\right\}\div\frac{4}{25}+(0.12\div0.1-1)\div\frac{2}{5}-\frac{2}{5}$

（答）

❷ $2\frac{1}{60}$ 日 $-\frac{107}{108}$ 日 -23 時間 47 分 20 秒 $=\square$ 分

（答）

❸

（答） 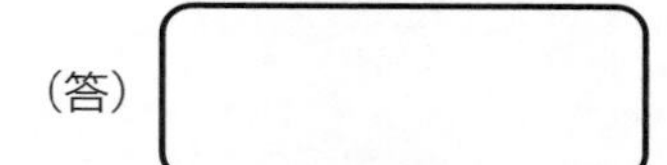

(　　月　　日)

❶ $\frac{17}{18}\times2.25-\left\{1\frac{1}{4}-\left(\frac{23}{24}-0.375\right)\right\}\div1.6\div\left(\frac{7}{6}-\frac{31}{33}\right)$

（答）

❷

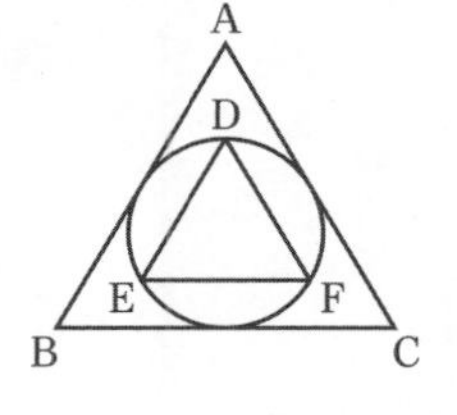

（答）

❸

（答）

45日目

❶ $7-\left\{1\frac{1}{3}+\left(5\frac{1}{3}-\square\right)\div 2\frac{1}{4}\right\}\times 3.375=2$ 〔吉祥女子中〕

❷ $1\div〔1-1\div\{1+1\div(1-1\div\square)\}〕=1\frac{3}{4}$ 〔早稲田大高等学院中〕

❸ 右の図の斜線(しゃせん)部分は，1辺が24 cmの正方形から，底辺が24 cmで高さが6 cmの二等辺三角形を4つ切り取ってできたものです。これを組み立ててできる立体の体積は何cm^3ですか。 〔灘　中－改〕

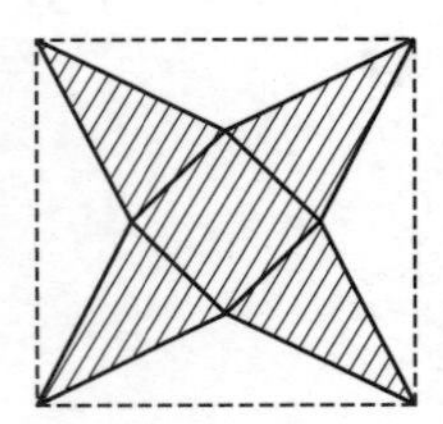

46日目

❶ $\left(2-\frac{4}{5}\div\square\right)\times 4\frac{1}{2}+6\frac{1}{4}\div 12.5-15.4\times\left(\frac{1}{6}-\frac{2}{21}\right)=3$ 〔四天王寺中〕

❷ $2\frac{2}{3}-\frac{4}{3}\times\left\{\square-\frac{3}{14}\div\left(\frac{6}{7}-\frac{2}{3}\right)\right\}=\frac{1}{6}$ 〔開智中〕

❸ A君，B君，C君の3人兄弟が持っているお金の比は 6：3：1 でしたが，A君がC君に600円渡(わた)し，B君もC君にいくらか渡したので，3人の持っているお金の比は 2：1：1 になりました。その後3人は同じ金額を募金(ぼきん)したので，持っているお金の比は 3：1：1 になりました。3人の募金した合計金額はいくらですか。 〔栄光学園中－改〕

（　月　日）

❶ $7-\left\{1\frac{1}{3}+\left(5\frac{1}{3}-\square\right)\div2\frac{1}{4}\right\}\times3.375=2$

（答）

❷ $1\div[1-1\div\{1+1\div(1-1\div\square)\}]=1\frac{3}{4}$

（答）

❸

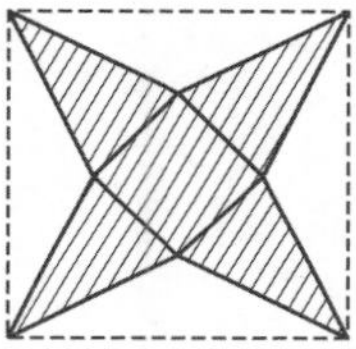

（答）

（　月　日）

❶ $\left(2-\frac{4}{5}\div\square\right)\times4\frac{1}{2}+6\frac{1}{4}\div12.5-15.4\times\left(\frac{1}{6}-\frac{2}{21}\right)=3$

（答）

❷ $2\frac{2}{3}-\frac{4}{3}\times\left\{\square-\frac{3}{14}\div\left(\frac{6}{7}-\frac{2}{3}\right)\right\}=\frac{1}{6}$

（答）

❸

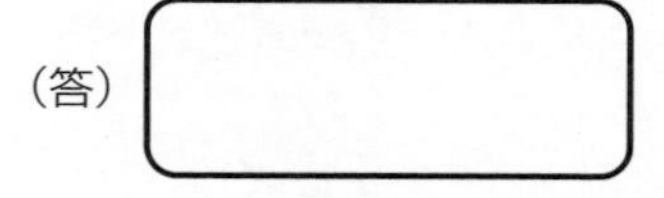

（答）

47日目

❶ $\left\{\left(\square-\frac{1}{3}\right)\times\frac{1}{4}-\left(2.5-\frac{5}{16}\right)\right\}\div\frac{1}{4}=\frac{11}{12}$ 〔栄東中〕

❷ 右のア，イにあてはまる数を求めなさい。 〔洛星中－改〕

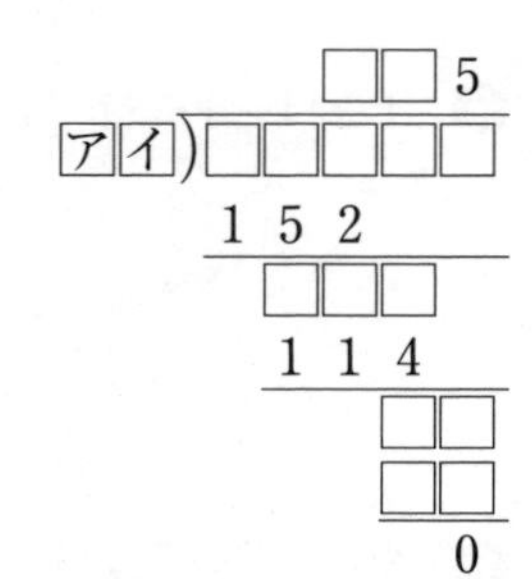

❸ ある小数Aがあり，この小数から小数点を除いた整数をBとします。
このとき，B－A＝4282.713 になりました。小数Aを求めなさい。

48日目

❶ $2\times\left(\frac{23}{10}+2.25\right)\div\left\{\frac{8}{5}\div\left(4\frac{1}{6}-\square\right)-\frac{1}{3}\right\}=10.5$ 〔東邦大付属東邦中〕

❷ 右の図のように，AB＝25 cm，BC＝20 cm，CA＝15 cm の直角三角形があります。点Cを中心として，矢印の方向に360° 回転させたとき，辺 AB が通過した部分の面積は何 cm^2 ですか。ただし，円周率は3.14 とします。

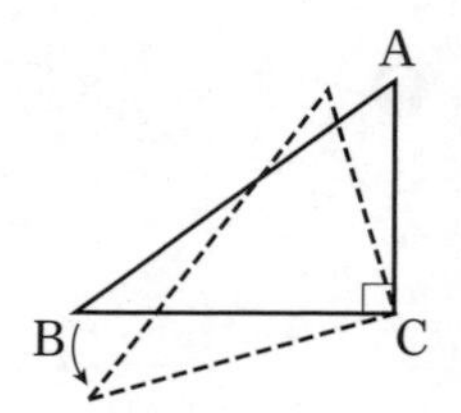

❸ A君は10 回のテストの平均点の目標を立てました。 9 回目までの平均点は目標に 5 点たりませんでした。10 回目は 93 点取りましたが，10 回の平均点は目標に 4 点たりませんでした。目標にしていた平均点は何点ですか。 〔青山学院中－改〕

（　月　日）

❶ $\left\{\left(\square-\frac{1}{3}\right)\times\frac{1}{4}-\left(2.5-\frac{5}{16}\right)\right\}\div\frac{1}{4}=\frac{11}{12}$

（答）

❷

```
            □□5
アイ)□□□□□
       152
       □□□
        114
         □□
         □□
          0
```

（答）

❸

（答）

（　月　日）

❶ $2\times\left(\frac{23}{10}+2.25\right)\div\left\{\frac{8}{5}\div\left(4\frac{1}{6}-\square\right)-\frac{1}{3}\right\}=10.5$

（答）

❷

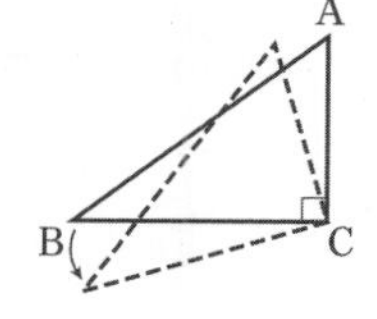

（答）

❸

（答）

49日目

❶ $\left(1-\frac{1}{3}\right)\div\left(1-\frac{1}{4}\right)\times\left(1-\frac{1}{7}\right)\div(1-\square)\times\left(1-\frac{1}{15}\right)\times\left(1-\frac{1}{16}\right)=\frac{3}{4}$ 〔洛南高附中〕

❷ $\left\{1.25-\frac{1}{2}\div2\frac{1}{6}\times\left(\square-\frac{1}{4}\right)\right\}\div4\frac{1}{4}=\frac{4}{17}$ 〔世田谷学園中〕

❸ 10 %の食塩水と 18 %の食塩水をそれぞれ何 g か混ぜ合わせて，16 %の食塩水を作る予定でしたが，18 %の食塩水を予定よりも 100 g 少なく混ぜ合わせてしまったため，15 %の食塩水ができました。はじめ 10 %の食塩水を何 g 混ぜ合わせる予定でしたか。 〔芝　中－改〕

50日目

❶ $\frac{7}{200}\times\left(\frac{1}{2}+\frac{1}{3}+\frac{1}{7}-\frac{1}{\square}\right)=\left(\frac{1}{4}+\frac{1}{5}+\frac{1}{6}\right)\div\left(19-\frac{1}{2}\right)$ 〔灘　中〕

❷ $\frac{3}{13}+\frac{8}{19}+\frac{3}{22}+\frac{1}{33}+\frac{3}{38}+\frac{4}{39}$ 〔吉祥女子中〕

❸ 右の図のように，1 辺の長さが 18 cm の正方形の内側に，1 辺の長さが 6 cm の正三角形が置いてあります。この正三角形が正方形の内側をすべらずに転がり，1 周してもとの位置に戻(もど)りました。正方形の内部で正三角形が通過しない部分の図形を考えるとき，その周りの長さは何 cm ですか。ただし，円周率は 3.14 とします。 〔海城中－改〕

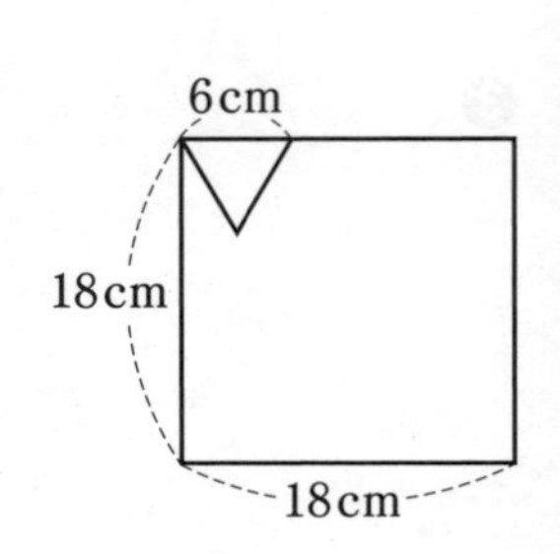

(月 日)

❶ $\left(1-\frac{1}{3}\right)\div\left(1-\frac{1}{4}\right)\times\left(1-\frac{1}{7}\right)\div(1-\square)\times\left(1-\frac{1}{15}\right)\times\left(1-\frac{1}{16}\right)=\frac{3}{4}$

(答)

❷ $\left\{1.25-\frac{1}{2}\div2\frac{1}{6}\times\left(\square-\frac{1}{4}\right)\right\}\div4\frac{1}{4}=\frac{4}{17}$

(答)

❸

(答) 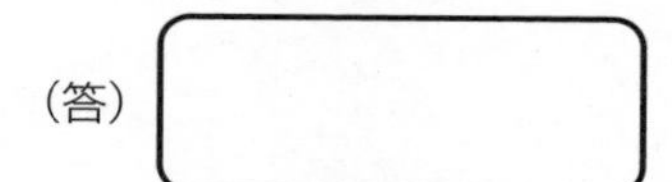

(月 日)

❶ $\frac{7}{200}\times\left(\frac{1}{2}+\frac{1}{3}+\frac{1}{7}-\frac{1}{\square}\right)=\left(\frac{1}{4}+\frac{1}{5}+\frac{1}{6}\right)\div\left(19-\frac{1}{2}\right)$

(答)

❷ $\frac{3}{13}+\frac{8}{19}+\frac{3}{22}+\frac{1}{33}+\frac{3}{38}+\frac{4}{39}$

(答)

❸

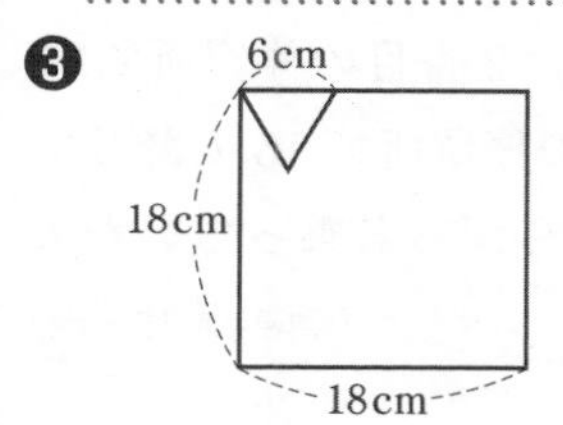

(答)

51日目

❶ $\left\{\left(12\frac{1}{2}+1.75\right)\times\frac{1}{3}\right\}\div\left(4\frac{2}{3}\div\square-2\frac{1}{6}\right)=1.5$ 〔桜蔭中〕

❷ 3を2012個，7を2013個，これらをすべてかけ合わせてできる数の一の位の数字を求めなさい。
〔甲陽学院中－改〕

❸ 同じ個数の黒石と白石を，右の図のように並べて正方形を作りました。白石を全部並べ終えたとき正方形ができ，黒石は10個残っていました。白石は最初何個ありましたか。 〔聖光学院中－改〕

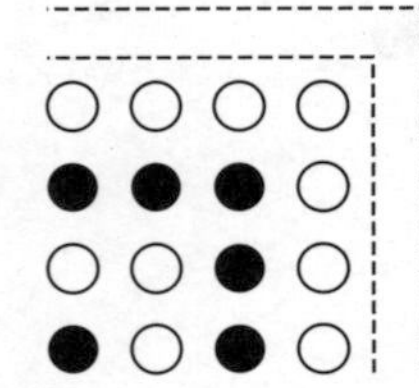

52日目

❶ $4\div5\times\left[0.5+2\div\left\{(\square+2)\times\frac{1}{3}-2\right\}\right]-0.25\times3=4.45$ 〔横浜雙葉中〕

❷ 右の図のような AD＝5 cm，BC＝11 cm の台形ABCDがあります。E，Fは辺ABを3等分する点で，点G，H，Iは辺DCを4等分する点です。三角形EHGの面積が14 cm^2 のとき，台形ABCDの面積は何 cm^2 ですか。 〔巣鴨中－改〕

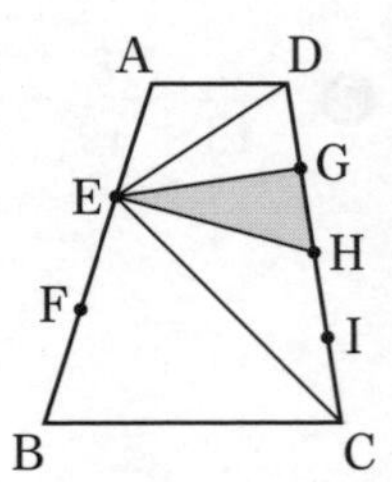

❸ あるバスが始発の停留所を発車したときに，40人が乗っていました。2番目の停留所で10人降りて7人乗り，3番目の停留所で5人降りて9人乗り，4番目の停留所で16人降りて11人乗りました。4番目の停留所を発車したとき，始発の停留所からずっと乗っていた人は何人以上何人以下ですか。 〔甲陽学院中－改〕

（　月　日）

❶ $\left\{\left(12\frac{1}{2}+1.75\right)\times\frac{1}{3}\right\}\div\left(4\frac{2}{3}\div\square-2\frac{1}{6}\right)=1.5$

（答）

❷

（答）

❸

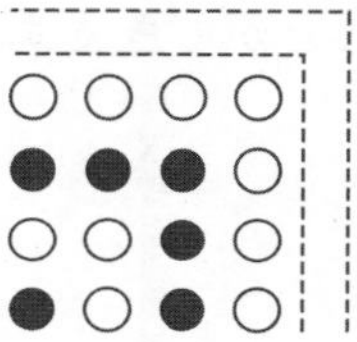

（答）

（　月　日）

❶ $4\div5\times\left[0.5+2\div\left\{(\square+2)\times\frac{1}{3}-2\right\}\right]-0.25\times3=4.45$

（答）

❷

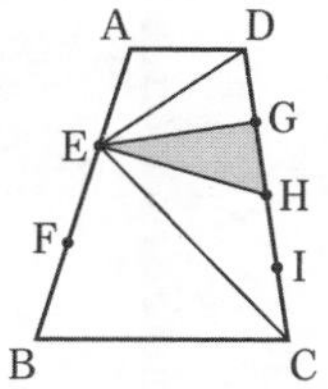

A D G E H F I B C

（答）

❸

（答）

53日目

❶ $\frac{41}{38}\div\left(0.94+5\frac{3}{5}\times\frac{8}{105}\right)\div\left(35-\frac{250}{31+\square}\right)=\frac{1}{36}$ 〔甲陽学院中〕

❷ $\frac{1}{2}\div\left\{\frac{1}{3}-\left(\frac{1}{4}-\square\times\frac{1}{6}\right)\right\}-\frac{3}{4}=3$ 〔白百合学園中〕

❸ $24\div2=12$ → $12\div2=6$ → $6\div2=3$ のように，24 は 2 で 3 回わり切ることができます。では，$1\times2\times3\times4\times\cdots\cdots\times100$ は 360 で何回わり切ることができますか。

54日目

❶ $\left(11-1\frac{1}{2}\times\square\times\frac{2}{3}\right)\times4+\left(6\frac{1}{5}\times\frac{4}{3}-2\frac{1}{7}\right)\times7-2\frac{13}{15}=56$ 〔芝　中〕

❷ $\frac{1}{63}+\frac{1}{99}+\frac{1}{143}+\frac{1}{195}+\frac{1}{255}+\frac{1}{323}+\frac{1}{399}$ 〔中央大附中〕

❸ A君は時速 24 km，B君は時速 16 km で，同時にP地点を出発して，Q地点で折り返すサイクリングを始めました。A君はQ地点に着いた後 12 分間休んでP地点へ引き返したところ，Q地点から 9.6 km の地点でB君と出会いました。P地点からQ地点までの道のりを求めなさい。
〔開成中ー改〕

(　月　日)

❶ $\frac{41}{38}\div\left(0.94+5\frac{3}{5}\times\frac{8}{105}\right)\div\left(35-\frac{250}{31+\square}\right)=\frac{1}{36}$

(答)

❷ $\frac{1}{2}\div\left\{\frac{1}{3}-\left(\frac{1}{4}-\square\times\frac{1}{6}\right)\right\}-\frac{3}{4}=3$

(答)

❸

(答) 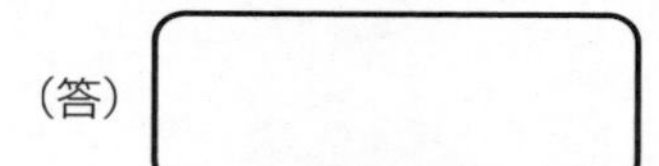

(　月　日)

❶ $\left(11-1\frac{1}{2}\times\square\times\frac{2}{3}\right)\times4+\left(6\frac{1}{5}\times\frac{4}{3}-2\frac{1}{7}\right)\times7-2\frac{13}{15}=56$

(答)

❷ $\frac{1}{63}+\frac{1}{99}+\frac{1}{143}+\frac{1}{195}+\frac{1}{255}+\frac{1}{323}+\frac{1}{399}$

(答)

❸

(答) 

55日目

❶ $\left\{3\frac{1}{4}-\left(2\frac{1}{3}-1.25\right)\right\}\div\left(2.6\times4.3-4.68+7\frac{4}{5}\times\frac{5}{12}\right)$ 〔武蔵中〕

❷ 下の5つの□には，すべて同じ整数があてはまります。その整数を求めなさい。

□×□×{(□+1)×(□−1)−□}＝2009 〔本郷中〕

❸ 右の図のように，底面の半径が6 cm，高さ8 cmの円錐（えんすい）の中に球S，Tがあります。球Sは円錐に側面と底面で接しており，球Tは円錐の側面と球Sに接しています。球Tの半径は何cmですか。

〔海城中－改〕

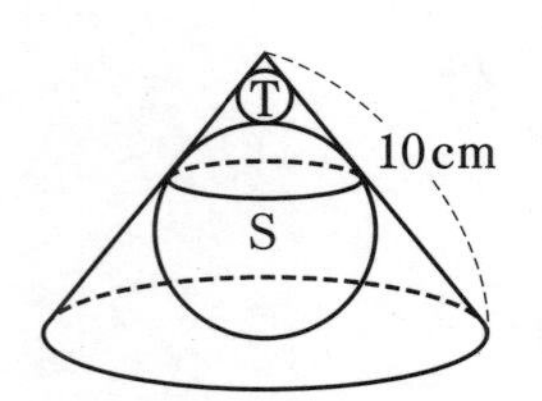

56日目

❶ $2\frac{6}{7}\div1\frac{3}{4}-\left\{6-\left(\square+2\frac{1}{3}\right)\div1\frac{13}{24}\right\}\times\frac{3}{14}+2\frac{1}{7}=2\frac{45}{49}$ 〔聖光学院中〕

❷ 右の図のように，1辺の長さが8 cmの立方体を3個組み合わせた立体があります。この立体を3点A，B，Cを通る平面で切断したとき，切り口の図形の面積は何cm^2ですか。 〔東京都市大付中－改〕

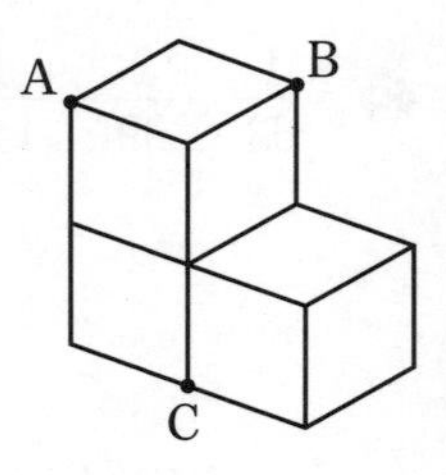

❸ 西暦（せいれき）2010年1月1日は金曜日です。西暦2032年の3月1日は何曜日ですか。ただし，西暦が4でわり切れる年はうるう年です。

（　月　日）

❶ $\left\{3\frac{1}{4}-\left(2\frac{1}{3}-1.25\right)\right\}\div\left(2.6\times4.3-4.68+7\frac{4}{5}\times\frac{5}{12}\right)$

（答）

❷

（答）

❸

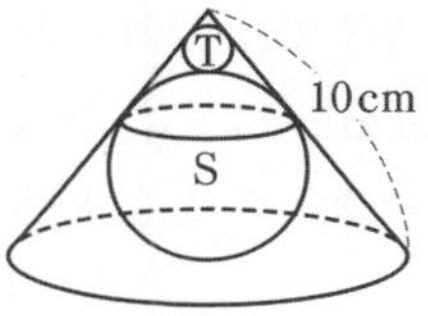

（答）

（　月　日）

❶ $2\frac{6}{7}\div1\frac{3}{4}-\left\{6-\left(\square+2\frac{1}{3}\right)\div1\frac{13}{24}\right\}\times\frac{3}{14}+2\frac{1}{7}=2\frac{45}{49}$

（答）

❷

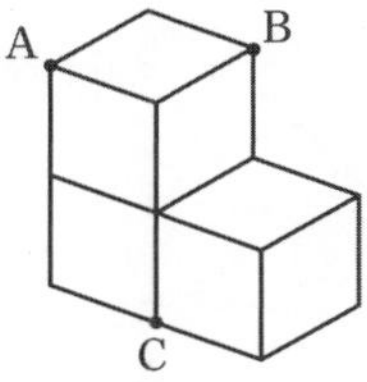

（答）

❸

（答）

57日目

❶ $(4.36-7.8\div13\times0.8)\times\frac{4}{97}-\left(\frac{5}{21}\div7\frac{1}{7}+\frac{1}{15}\right)$ 〔女子学院中〕

❷ $1\div\left\{1\div\left(3\frac{2}{3}-2\frac{3}{8}+\square\right)+1\right\}=3.4\times0.2$ 〔本郷中〕

❸ A地点とB地点を結ぶ一本道を，P君はAからBまで，Q君はBからAまで，それぞれ一定の速さで歩きます。2人は同時に出発し，途中(とちゅう)ですれちがってから25分後にP君がB地点に到着(とうちゃく)し，その24分後にQ君がA地点に到着しました。P君とQ君の速さの比を求めなさい。 〔灘　中－改〕

58日目

❶ $\left\{\left(\frac{7}{20}-0.22\right)\div\square-0.075\right\}\times\left(3\frac{8}{9}+1\frac{2}{3}\right)=\frac{5}{12}$ 〔昭和学院秀英中〕

❷ $\frac{3}{4}+\frac{5}{36}+\frac{7}{144}+\frac{9}{400}+\frac{11}{900}$ 〔城北埼玉中〕

❸ 4けたの整数Aを9倍すると，数字の並び方の順序が整数Aと逆の4けたの整数Bになりました。整数Aを求めなさい。 〔大阪星光学院中－改〕

(　月　日)

❶ $(4.36-7.8\div13\times0.8)\times\frac{4}{97}-\left(\frac{5}{21}\div7\frac{1}{7}+\frac{1}{15}\right)$

(答)

❷ $1\div\left\{1\div\left(3\frac{2}{3}-2\frac{3}{8}+\square\right)+1\right\}=3.4\times0.2$

(答)

❸

(答)

(　月　日)

❶ $\left\{\left(\frac{7}{20}-0.22\right)\div\square-0.075\right\}\times\left(3\frac{8}{9}+1\frac{2}{3}\right)=\frac{5}{12}$

(答)

❷ $\frac{3}{4}+\frac{5}{36}+\frac{7}{144}+\frac{9}{400}+\frac{11}{900}$

(答)

❸

(答)

59日目

❶ $4\frac{1}{2}-\left(1+\frac{1}{2}+\frac{2}{3}+\frac{3}{4}\right)\times\left(\frac{4}{5}+\frac{5}{6}\right)\times\square=1\frac{5}{6}\times\frac{3}{11}\div0.5$ 〔昭和学院秀英中〕

❷ 936 と 1152 の公約数は全部で□個あります。 〔四天王寺中〕

❸ 円周の長さが 120 cm の円の円周上の同じ点から，A，B，C の 3 点が同時に同じ向きに出発して，円周上を回り続けます。A，B，C の速さがそれぞれ秒速 18 cm，秒速 11 cm，秒速 7 cm のとき，三角形 ABC が最初に正三角形になるのは，3 点が出発してから何秒後ですか。 〔栄東中－改〕

60日目

❶ $\left\{\left(\frac{46}{25}+0.38\right)\div2-0.01\right\}\times\left(8.75-1\frac{3}{4}\right)+1.2\times3.14\div(4\times3.14)$ 〔東大寺学園中〕

❷ 右の図の四角形 ABCD の面積は何 cm^2 ですか。ただし，点 A は半径 6 cm の円の中心で，円周率は 3.14 とします。 〔東大寺学園中－改〕

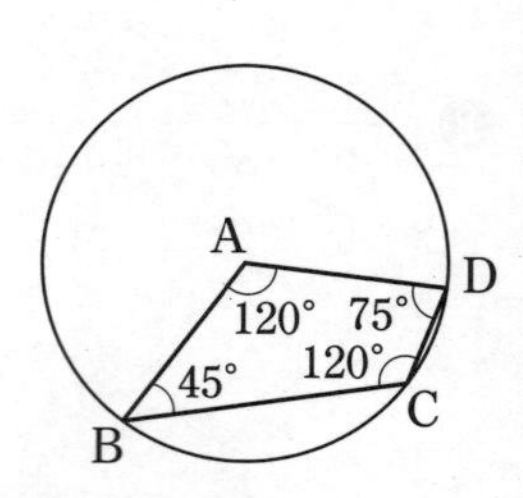

❸ 右の図のように，母線 OA の長さが 45 cm，底面の直径が 10 cm の円(えん)錐(すい)の A から B までひもをピンと張りました。ひもの長さは何 cm ですか。

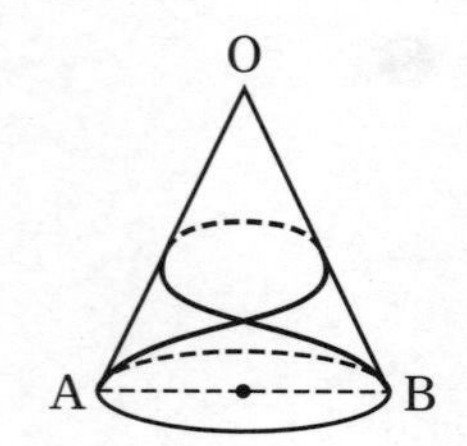

(　月　日)

❶ $4\frac{1}{2}-\left(1+\frac{1}{2}+\frac{2}{3}+\frac{3}{4}\right)\times\left(\frac{4}{5}+\frac{5}{6}\right)\times\square=1\frac{5}{6}\times\frac{3}{11}\div0.5$

(答)

❷

(答)

❸

(答) 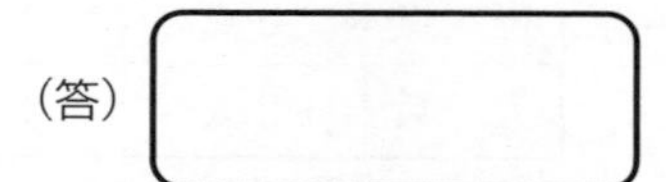

(　月　日)

❶ $\left\{\left(\frac{46}{25}+0.38\right)\div2-0.01\right\}\times\left(8.75-1\frac{3}{4}\right)+1.2\times3.14\div(4\times3.14)$

(答) 

❷

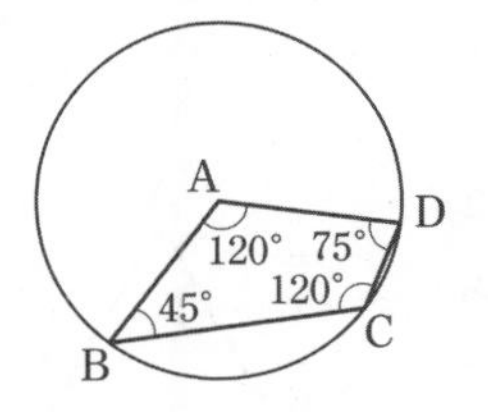

(答) 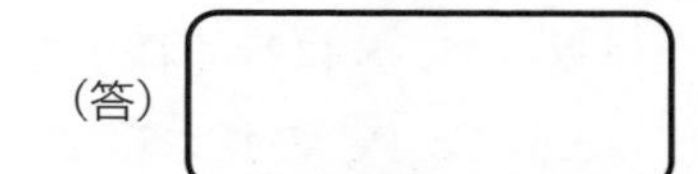

❸

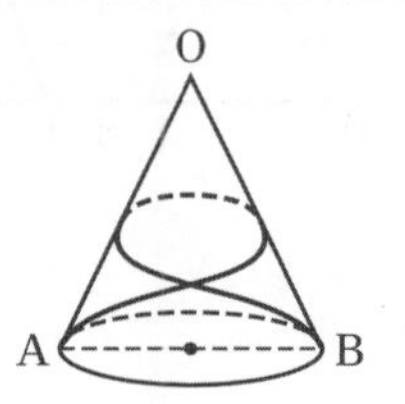

(答)

1 右の図のように，数が並んでいます。たとえば，17 は 4 行目の 5 番目の数です。では，3600 は何行目の何番目の数ですか。

〔甲陽学院中－改〕

1 行目　1
2 行目　3，4，5
3 行目　7，8，9，10，11
4 行目　13，14，15，16，17，18，19
5 行目　21，22，23，24，25，26，27，28，29
⋮　　　　　⋮

2 右の図のような正四面体の辺 AB，CD 上の真ん中の点を P，Q とします。PQ の長さが 6 cm のとき，正四面体 ABCD の体積は何 cm^3 ですか。

〔栄東中－改〕

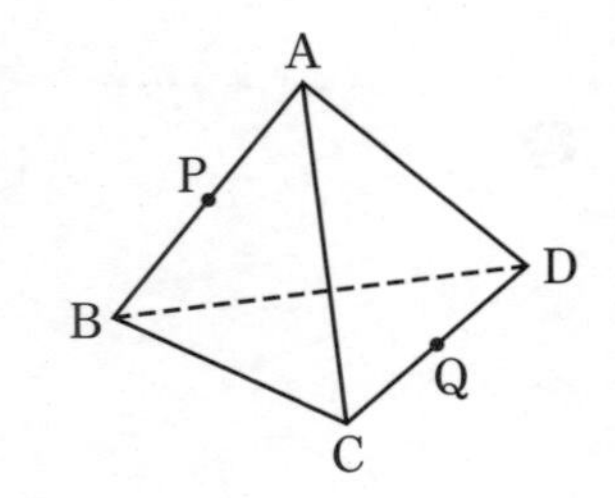

3 あるクラスの生徒 40 人が 3 問のテストを受けました。正解の場合は問 1 が 1 点，問 2 が 2 点，問 3 が 3 点で，満点は 6 点になります。テストの得点結果を表にすると，次のようになりました。

得　点	0 点	1 点	2 点	3 点	4 点	5 点以上	平均点
人　数	2 人	1 人	6 人	12 人	5 人	14 人	3.7 点

また，クラス全体の平均点は 3.7 点でした。ちょうど 2 問正解した人が 13 人のとき，問 3 を正解した人だけで平均点を求めると，何点になりますか。

〔筑波大附属駒場中－改〕

4 長針，短針，秒針のついた時計があります。7 時から 8 時の間で，短針と秒針の間の角の大きさが 120° となる 23 回目の時刻は 7 時何分何秒ですか。

〔海城中－改〕

5 右の図は，P から転がした玉が，正三角形 ABC の枠（わく）の Q，R ではね返って，S に行く様子を表しています。正三角形の 1 辺の長さは 108 cm で，PC の長さは 27 cm です。S で玉がはね返ったあと，最初に正三角形の枠に当たる場所が A であるとき，CQ の長さは何 cm ですか。ただし，玉は当たるときと同じ角度ではね返るものとします。

〔洛南高附中－改〕

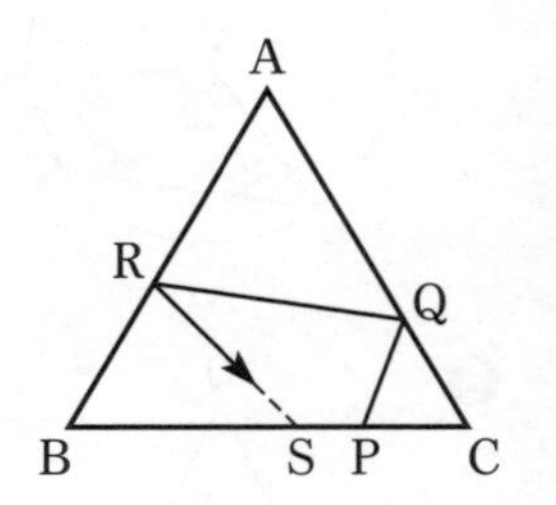

6　1から999までの整数のうち，約数の個数が5個であるものをすべて求めなさい。

7　たとえば，1円硬貨と5円硬貨と10円硬貨がそれぞれたくさんあり，ちょうど20円を支払うとき，硬貨の組み合わせは右の図の9通りです。このとき10円硬貨の枚数に着目すると，1+3+5=9=3×3 となっています。これをもとに，1円硬貨，5円硬貨，10円硬貨，50円硬貨，100円硬貨がそれぞれたくさんある場合を考えると，ちょうど170円を支払うとき，硬貨の組み合わせは何通りありますか。　〔開成中－改〕

1円硬貨	0	0	5	10	0	5	10	15	20
5円硬貨	0	2	1	0	4	3	2	1	0
10円硬貨	2	1	1	1	0	0	0	0	0

8　A，Bの2種類の食塩水があります。AとBを2：1の割合で混ぜると14.5％の食塩水ができ，3：5の割合で混ぜると11％の食塩水ができます。8％の食塩水を作るために必要な食塩水AとBの比を求めなさい。

9　右の図は，縦10 cm，横15 cmの長方形です。斜線部分の面積は何 cm^2 ですか。　〔駒場東邦中－改〕

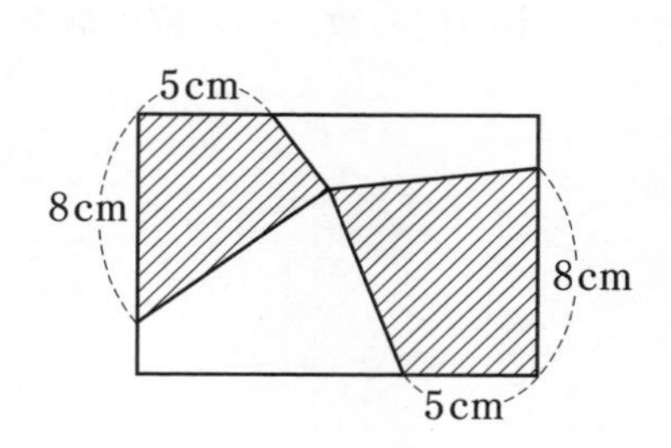

10　下の図のように，黒いタイルと白いタイルを順番に並べて，山を作っていきます。となり合う2つの山のタイルの枚数が合わせて5101枚のとき，その2つの山にふくまれる白いタイルの枚数の合計を求めなさい。　〔慶應義塾湘南藤沢中－改〕

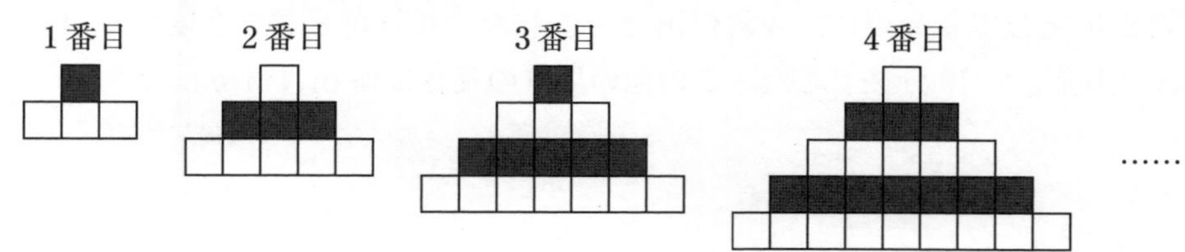

11 1，2，3，4，5の数字だけを使ってできる整数を小さい順に並べた数の列 1，2，3，4，5，11，12，13，14，15，21，22，23，24，25，31，……があります。2012番目の数を求めなさい。

〔甲陽学院中－改〕

12 2人乗り，3人乗り，4人乗りの3種類の貸しボートがあります。1そうあたりの料金は，2人乗りボートが800円，3人乗りボートが1200円，4人乗りボートが1500円です。2人乗りボートを ア そう，3人乗りボートを イ そう，4人乗りボートを ウ そう借りると，エ 人の生徒全員がちょうど乗ることができました。その料金の合計は13700円でした。また，ア と イ と ウ の和は7の倍数で，エ は5の倍数でした。エ にあてはまる数を求めなさい。

〔神戸女学院中－改〕

13 1001，1002，1003，……，2012の4けたの数について，それぞれ千の位の数，百の位の数，十の位の数，一の位の数をかけてできる1012個の数の合計を求めなさい。

〔筑波大附属駒場中－改〕

14 ある池の周りを，A君は自転車で，B君は歩いて同じ地点から同じ向きに回ります。A君が自転車で1周すると8分かかります。B君の歩く速さは，A君の自転車の速さより毎分144m遅(おそ)いです。B君が出発して4分後に，A君が出発しました。A君がB君を2度目に追いこしたのは，B君が出発して19分後でした。この池の周りの長さは何mですか。

〔鷗友学園女子中〕

ひっぱると，はずして使えます。

中学入試

算数 計算と一行問題 実力突破

発展編

解答編

受験研究社

解答編

パート　1

■ 1日目

解答

① 3.8　② 8　③ 457

解き方

① $5.2-3.5\times1.2\div3$
$=5.2-3.5\times0.4$
$=5.2-1.4$
$=3.8$

② $56789-54321+98765-12345$
$=2468+98765-12345$
$=2468+86420$
$=88888$
$88888=11111\times\square$ より，
$\square=88888\div11111$
$\square=8$

③ 4でわると1余り，5でわると2余り，7でわると2余る整数のうち，もっとも小さい数をさがす。
4でわると1余る数は，
1，5，9，13，17，21，25，29，33，37，41，……
5でわると2余る数は，
2，7，12，17，22，27，32，37，42，……
7でわると2余る数は，
2，9，16，23，30，37，……
よって，もっとも小さい数は37
条件を満たす整数は，37に4と5と7の**最小公倍数**である140をいくつか加えた500にもっとも近い数だから，
$37+140+140+140=457$

■ 2日目

解答

① 2331　② 84　③ 810円

解き方

① どの位もたし合わせると，
$1+2+3+4+5+6=21$ になるから，
$123+456+231+564+312+645$
$=21\times(100+10+1)$
$=21\times111$
$=2331$

② $12\times(34+\square\div7)\div8-9=60$
$12\times(34+\square\div7)\div8=69$
$12\times(34+\square\div7)=552$
$34+\square\div7=552\div12$
$34+\square\div7=46$
$\square\div7=12$
$\square=12\times7$
$\square=84$

③ はじめのA君の所持金を⑨，B君の所持金を⑤とする。
このとき，
(⑨−420円)：(⑤+200円)＝3：5
(⑨−420円)×5＝(⑤+200円)×3
㊺−2100円＝⑮+600円
㊺−⑮＝2100円+600円
㉚＝2700円 より，①＝90円
はじめのA君の所持金は⑨だから，
90円×9＝810円

おぼえておこう

$a:b=c:d$ のとき，$\boldsymbol{a\times d=b\times c}$

■ 3日目

解答

① 2.25　② 20　③ 25通り

解き方

① $45000\times0.0018\div36$
$=81\div36$
$=2.25$

② 72 km＝72000 m，1時間＝3600秒 だから，
毎秒 $72000\div3600=20$ (m)

③ 遠回りしないで進むことができる方向は右か下である。

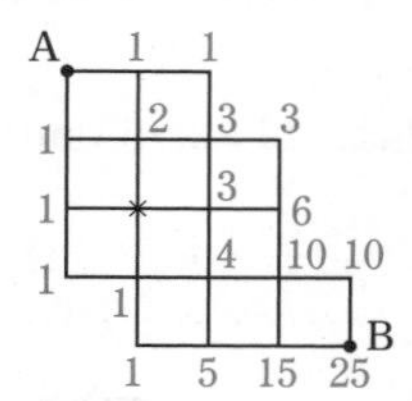

上の図より，AからBへの進み方は全部で25通りある。

おぼえておこう

右の図のAからBまで遠回りしない進み方は，進む方向に次々とたし合わせていくことで3通りと求めることができる。

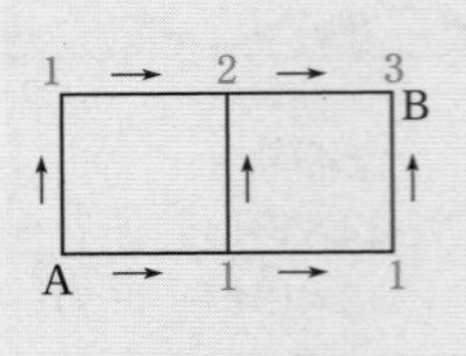

■ 4日目

解答

① 12　② 180°　③ 時速 6 km

解き方

① 30.3×20.2−6×100.01
　=3×10.1×2×10.1−6×100.01
　=6×102.01−6×100.01
　=6×(102.01−100.01)
　=6×2
　=12

② 外角を利用する。
　角B+角D=角AGF
　角C+角E=角AFG
　よって，
　角A+角AGF+角AFG
　=180°

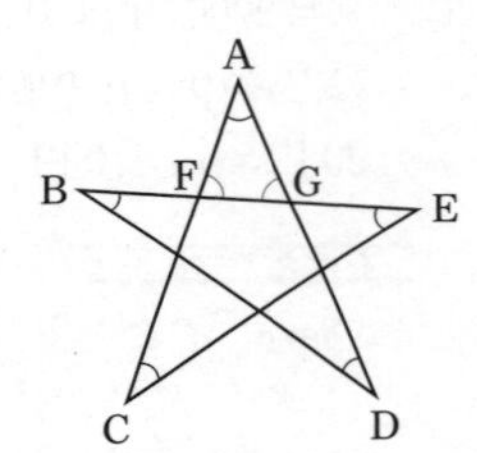

おぼえておこう

右の図で，
角A+角B=角C

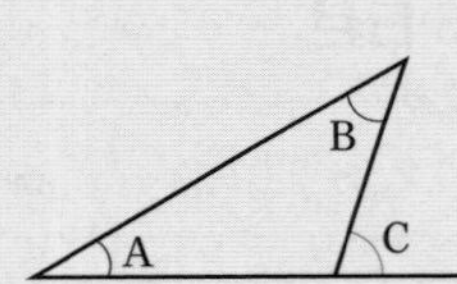

③

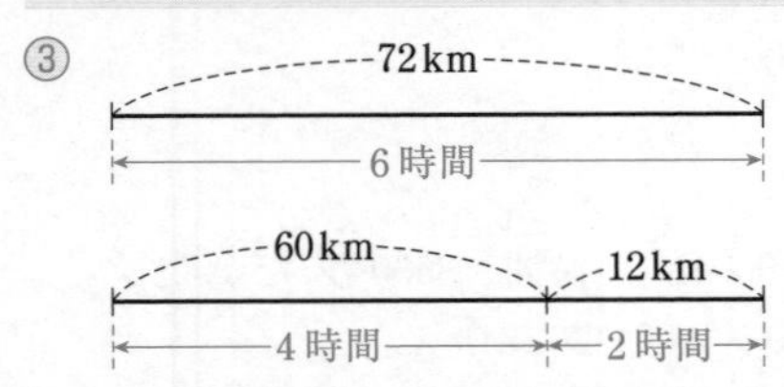

A君は6時間で72 km，4時間で60 km進む。
このとき上の図より，B君は2時間で12 km進むことがわかる。
よって，B君の時速は，12÷2=6 (km)

■ 5日目

解答

① 33　② 5.5　③ 7：18

解き方

① 15−5×(28−18÷3)+16×8
　=15−5×22+128
　=15−110+128
　=15+128−110
　=15+18
　=33

② 14×1.4−□×9.8+16×2.45=4.9
　19.6−□×9.8+39.2=4.9
　58.8−□×9.8=4.9
　□×9.8=58.8−4.9
　□×9.8=53.9
　□=53.9÷9.8
　□=5.5

③ (アの面積)=(AD+BE)×(高さ)÷2
　(イの面積)=EC×(高さ)÷2
　高さは等しく，
　(アの面積)：(イの面積)=3：2 より，
　(AD+BE)：EC=3：2
　ここで，AD=④，BC=⑤ とすると，
　(AD+BE)+EC=AD+BC=④+⑤=⑨
　よって，
　EC=⑨×$\frac{2}{3+2}$=(3.6)
　BE=BC−EC=⑤−(3.6)=(1.4)
　したがって，
　BE：EC=(1.4)：(3.6)=7：18

■ 6日目

解答

① 8.7　② 429　③ 8分

解き方

① 6.5×2.3−93.6÷12.48÷1.2
　=14.95−7.5÷1.2
　=14.95−6.25
　=8.7

② 3+8+13+……+53+58+63 は，となり合う数の差が5の**等差数列**(となりの数との差が一定な数の並び)の和である。
　(等差数列の和)
　={(最初の数)+(最後の数)}×(数の個数)÷2
　より，
　(3+63)×13÷2=429

おぼえておこう

等差数列の「数の個数」の求め方

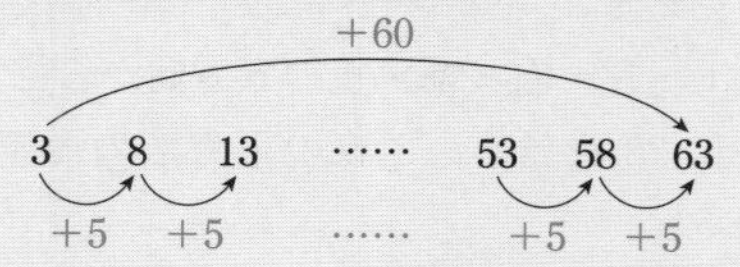

60÷5=12

植木算と同じように考えて，12+1=13(個)

③ 改札口が1つのとき，1分間で 576÷32=18(人)が減る。

12分48秒=12.8分 より，改札口が2つのとき，1分間で 576÷12.8=45(人) が減る。

改札口1つから1分間に入場する人数は，改札口が1つのときと2つのときの減る人数の差であり，

45−18=27(人)

また，1分間に並ぶ人数は，

27−18=9(人)

よって，改札口が3つのとき，列がなくなるまでにかかる時間は，

576÷(27×3−9)=8(分)

■ 7日目

解答

① $\frac{1}{4}$　② 6　③ 52日

解き方

① $(9.2-8)\times\frac{1}{24}+0.2$

$=\frac{6}{5}\times\frac{1}{24}+\frac{1}{5}$

$=\frac{1}{20}+\frac{4}{20}$

$=\frac{1}{4}$

② 「分」にそろえて計算する。

8時間42分=522分，10分24秒=10.4分

522分÷9−10.4分×5=58分 −52分

よって，□=6

③ 1月は31日間あるから，1月1日は2月1日の31日前。

31日÷7日=4週間余り3日 より，1月1日は火曜日の3日前で土曜日とわかる。

365日 ÷7日 =52週間余り1日 より，土曜日は53日ある。それ以外の曜日は52日あるから，火曜日は52日ある。

■ 8日目

解答

① 5　② 141°　③ 2401

解き方

① $97\times0.25+260\times\frac{1}{40}-103\div4$

$=97\times\frac{1}{4}+26\times\frac{1}{4}-103\times\frac{1}{4}$

$=(97+26-103)\times\frac{1}{4}$

$=20\times\frac{1}{4}$

$=5$

② 右の図のように，OC を結ぶ。三角形 OAC と三角形 OBC は二等辺三角形だから，○と●の角度はそれぞれ等しい。

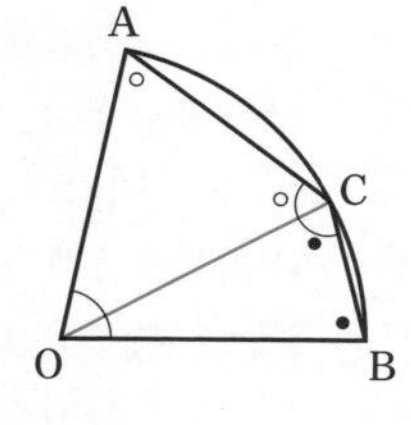

○×2+●×2=360°−78°

=282°

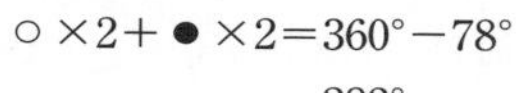

角ア=○+● より，282°÷2=141°

③ 1×1=1，2×2=4，3×3=9 というように，**四角数**(同じ数を2回かけた数)が並んでいる。

6914÷3=2304 余り2 より，四角数で 2304 に近い数をさがすと，48×48=2304 が見つかる。

前後の四角数は，47×47=2209，49×49=2401

2209+2304+2401=6914 より，もっとも大きい数は 2401

■ 9日目

解答

① $7\frac{11}{24}$　② $1\frac{1}{5}$　③ 4行目の10列目

解き方

① $4\frac{1}{8}-\frac{5}{6}\div0.8+2\frac{1}{2}\times1\frac{3}{4}$

$=\frac{33}{8}-\frac{5}{6}\times\frac{5}{4}+\frac{5}{2}\times\frac{7}{4}$

$=\frac{99}{24}-\frac{25}{24}+\frac{105}{24}$

$=7\frac{11}{24}$

② $3\frac{3}{5}+1\frac{3}{8}\times\square=5\frac{1}{4}$

$\frac{18}{5}+\frac{11}{8}\times\square=\frac{21}{4}$

$\frac{11}{8}\times□=\frac{21}{4}-\frac{18}{5}$

$\frac{11}{8}\times□=\frac{33}{20}$

$□=\frac{33}{20}\div\frac{11}{8}$

$□=1\frac{1}{5}$

③ 表を1行目の1列目から斜(なな)めに見ると，奇数の四角数が並んでいることがわかる。

	1列	2列	3列	4列	5列	
1行	1	5	11	19	29	
2行	3	9	17	27		
3行	7	15	25			
4行	13	23		49		
5行	21				81	

1行目の1列目は 1×1，2行目の2列目は 3×3，3行目の3列目は 5×5 より，○行目の○列目は(○×2−1)×(○×2−1) と表される。175 に近い四角数をさがすと，13×13=169 が見つかる。13=7×2−1 より，169 は7行目の7列目にある。169 から右斜め上に 171，173，175，…… と並ぶから，175 は 169 から上に3行，右に3列のところにある。よって，4行目の 10 列目にある。

■ 10日目

解答

① 0.49 ② $\frac{12}{17}$ ③ 168 cm²

解き方

① 100÷100−100÷(100+100)−100÷100÷100
=1−0.5−0.01
=0.49

② $\left(□-\frac{2}{3}\right)\times\frac{17}{20}+\frac{1}{5}=\frac{7}{30}$

$\left(□-\frac{2}{3}\right)\times\frac{17}{20}=\frac{7}{30}-\frac{6}{30}$

$□-\frac{2}{3}=\frac{1}{30}\div\frac{17}{20}$

$□=\frac{2}{51}+\frac{2}{3}$

$□=\frac{12}{17}$

③ 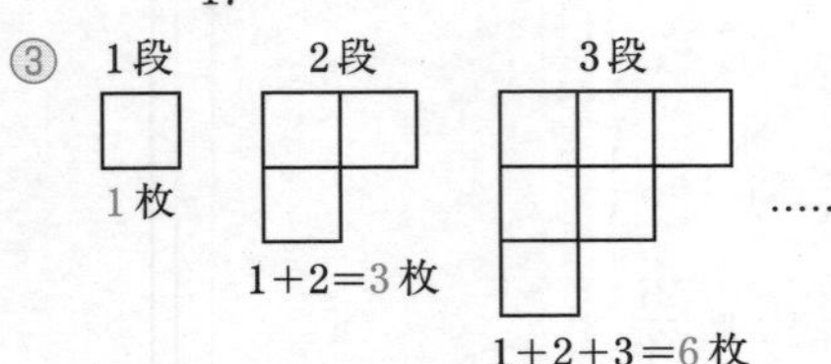

立体を上から見ると，図のように見える。よって，7段のときは 1+2+……+6+7=28(枚) の正方形が見える。

上・下・左・右・前・後の6方向から見ても同じように 28 枚見え，1枚の正方形の面積が 1 cm² だから，

28×6=168(cm²)

■ 11日目

解答

① $\frac{5}{6}$ ② 650 ③ 10 枚

解き方

① $1\frac{1}{3}+\left(0.35+\frac{1}{4}\right)\div\frac{1}{10}-6.5$

$=\frac{4}{3}+(0.35+0.25)\times10-6.5$

$=\frac{4}{3}+6-6.5$

$=6\frac{4}{3}-6\frac{1}{2}$

$=\frac{5}{6}$

② m² にそろえて計算する。

1400 m²−750 m²=650 m²

よって，□=650

おぼえておこう

1 ha=100 m×100 m=10000 m²

1 a=10 m×10 m=100 m²

③ タイルAとタイルBのまわりの長さがともに 12 cm で等しいことに着目する。

216÷12=18 より，タイルAとタイルBは合わせて 18 枚。

タイルAの面積は，8 cm²

タイルBの面積は，9 cm²

つるかめ算で解くと，(9×18−152)÷(9−8)=10 より，タイルAは 10 枚。

■ 12日目

解答

① 2.512 ② 22.5 cm² ③ 45 秒

解き方

① 31.4×0.2−12×0.314

$=3.14\times2-1.2\times3.14$
$=3.14\times(2-1.2)$
$=2.512$

② 角 BAP＝○，
角 APB＝● とする。
このとき，
角 CPD
$=180°-(●+90°)$
より，
角 CPD＝○

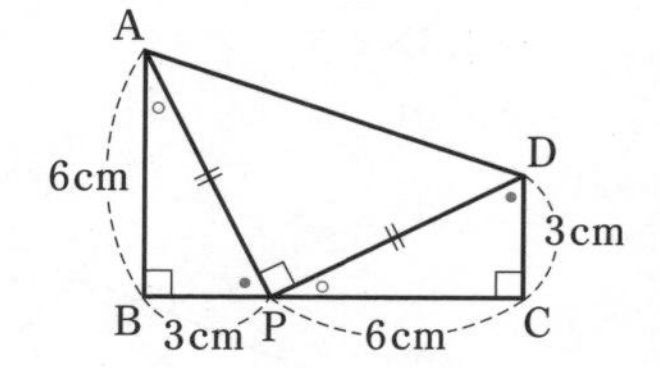

さらに AP＝PD より，三角形 ABP と三角形 PCD は合同であることがわかり，各辺の長さは右上の図のようになる。
台形 ABCD の面積は，
$(6+3)\times9\div2=40.5(\text{cm}^2)$
(三角形 ABP の面積)＝(三角形 PCD の面積)
$=9\text{ cm}^2$ より，三角形 APD の面積は，
$40.5-9\times2=22.5(\text{cm}^2)$

③ 1階から5階までだから，4階分上がるのに20秒かかる。つまり，1階分上がるのに
20÷4＝5(秒) かかる。
1階から10階まで上がる場合は9階分上がることになるから，
5×9＝45(秒)

■ 13日目

解答
① $\frac{5}{8}$　② 6　③ 26日目

解き方

① $\frac{1}{2}+\frac{1}{3}-\frac{1}{4}\times\frac{1}{5}\div\frac{1}{6}\div\frac{1}{5}\times\frac{1}{4}-\frac{1}{3}+\frac{1}{2}$

$=\frac{1}{2}+\frac{1}{3}-\frac{1}{4}\times\frac{1}{5}\times\frac{6}{1}\times\frac{5}{1}\times\frac{1}{4}-\frac{1}{3}+\frac{1}{2}$

$=\frac{1}{2}+\frac{1}{3}-\frac{3}{8}-\frac{1}{3}+\frac{1}{2}$

$=1-\frac{3}{8}$

$=\frac{5}{8}$

② $\{15+3\times(\square-1)\}\times\frac{4}{5}=24$

$15+3\times(\square-1)=24\times\frac{5}{4}$

$3\times(\square-1)=30-15$

$\square-1=5$

$\square=6$

③ 全体の仕事量を1とする。このとき，1日の仕事量は，A君は $\frac{1}{30}$，B君は $\frac{1}{45}$
A君は2日働いて1日休み，B君は3日働いて1日休むから，2+1＝3(日) と 3+1＝4(日) の**最小公倍数**の12日おきに2人は同時に働き始める。
12日間のうち，A君は8日働き，B君は9日働くから，2人で，

$\frac{1}{30}\times8+\frac{1}{45}\times9=\frac{7}{15}$

よって，24日間の仕事量は，

$\frac{7}{15}\times2=\frac{14}{15}$

A君とB君の1日の仕事量は2人で，

$\frac{1}{30}+\frac{1}{45}=\frac{1}{18}$

残り $\frac{1}{15}$ の仕事は2日で終わるから，
24+2＝26(日目) に仕上がる。

■ 14日目

解答
① 12　② $2\frac{1}{2}$　③ 60

解き方

① $2.5\div\left(\frac{5}{18}\div1.5\right)\times\left(\frac{1}{9}\div0.5+\frac{2}{3}\right)$

$=\frac{5}{2}\div\left(\frac{5}{18}\times\frac{2}{3}\right)\times\left(\frac{1}{9}\times2+\frac{6}{9}\right)$

$=\frac{5}{2}\div\frac{5}{27}\times\frac{8}{9}$

$=12$

② $\frac{7}{12}\times3\frac{1}{5}-2\frac{1}{3}\div1\frac{3}{4}\div\square=1\frac{1}{3}$

$\frac{28}{15}-\frac{4}{3}\div\square=\frac{4}{3}$

$\frac{4}{3}\div\square=\frac{8}{15}$

$\square=\frac{4}{3}\div\frac{8}{15}$

$\square=2\frac{1}{2}$

③ 右の図のように，
A＝4×○，B＝4×□ より，
A×B＝4×○×4×□＝4560

4) A　B
　 ○　□

よって，○×□＝4560÷16＝285

285 を素数の積の形に表すと，

285＝3×5×19

AとBはともに2けたの整数で，BはAより大きいから，

○＝3×5＝15　□＝19

よって，A＝4×15＝60

■ 15日目

解答

① 4　② 1250　③ 11 cm

解き方

① 小数にそろえて計算すると，

$\left(\frac{1}{2}+\frac{3}{4}\right)\div 0.5+\frac{1}{6}\times 7.8-\frac{9}{10}+1.1$

$=(0.5+0.75)\div 0.5+1.3-0.9+1.1$

$=1.25\div 0.5+1.5$

$=4$

② m にそろえて計算する。

$625\ \mathrm{m}^2\div 0.5\ \mathrm{m}=1250\ \mathrm{m}$

よって，□＝1250

③ 右の図のように補助線をひく。

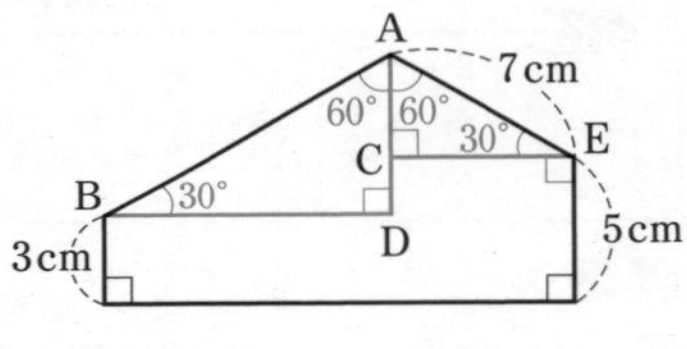

このとき，三角形 ACE と三角形 ADB はどちらも正三角形の半分の三角形であることがわかる。

AC は AE の半分だから，AC＝7÷2＝3.5(cm)

CD＝5−3＝2(cm) だから，

AD＝3.5＋2＝5.5(cm)

よって，AB＝5.5×2＝11(cm)

右の図のように，30°，60° の角をもつ直角三角形は正三角形の半分だから，

BD＝AB÷2

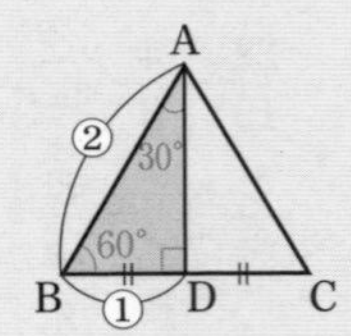

■ 16日目

解答

① 5.29　② 23°　③ 8 票

解き方

① $0.23\times 23+2.3\times 2.3-0.023\times 230$

$=2.3\times 2.3+2.3\times 2.3-2.3\times 2.3$

$=2.3\times 2.3$

$=5.29$

②

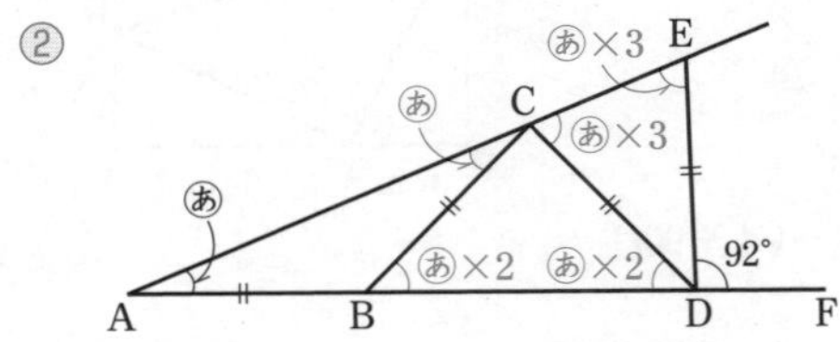

三角形 ABC で，BA＝BC だから，

角 BCA＝角 BAC＝あ と表される。

角 CBD＝角 BAC＋角 BCA だから，

角 CBD＝あ×2＝角 CDB

同じように，三角形 CAD で，

角DCE＝あ×3＝角DEC

三角形 EAD で，角EDF＝あ×4

よって，あ×4＝92° だから，あ＝23°

③ 100 票で上位 3 人が当選するから，

$100\times\frac{1}{3+1}=25$(票) より多くの票を取れば，当選が確実。よって，Bはすでに当選が確実。

残りの票は 100−(13＋30＋9＋10＋17)＝21(票)

仮にAにあと 5 票入ったとすると，Aは 18 票。残りが 16 票で仮にDに 14 票，Eに 2 票入ればAは 4 位になってしまう。

同じように，Aに 6 票または 7 票入っても上位 3 人にはなれない場合がある。Aに 8 票入れば，Eに 4 票，Dに 9 票入っても，AはEと同じ得票数で 3 位になる。

よって，8 票。

■ 17日目

解答

① 2.55　② $\frac{13}{40}$　③ $\frac{5}{11}$

解き方

① $8.7\div\left\{4\frac{17}{30}-\left(3.8-1\frac{1}{6}\right)\right\}-1.95$

$=\frac{87}{10}\div\left\{\frac{137}{30}-\left(\frac{38}{10}-\frac{7}{6}\right)\right\}-1.95$

$=\frac{87}{10}\div\left(\frac{137}{30}-\frac{79}{30}\right)-1.95$

$=\frac{87}{10}\div\frac{58}{30}-1.95$

$=4.5-1.95$
$=2.55$

② $1\frac{1}{2}\times4-3\div\left(\square+\frac{4}{5}\right)\times\frac{3}{8}=5$

$6-3\div\left(\square+\frac{4}{5}\right)\times\frac{3}{8}=5$

$3\div\left(\square+\frac{4}{5}\right)=(6-5)\times\frac{8}{3}$

$\square+\frac{4}{5}=3\div\frac{8}{3}$

$\square=\frac{9}{8}-\frac{4}{5}$

$\square=\frac{13}{40}$

③ 約分をしていない分数にもどして考える。

1組	2組		3組			4組				5組		
$\frac{1}{1}$	$\frac{1}{2}$	$\frac{2}{2}$	$\frac{1}{3}$	$\frac{2}{3}$	$\frac{3}{3}$	$\frac{1}{4}$	$\frac{2}{4}$	$\frac{3}{4}$	$\frac{4}{4}$	$\frac{1}{5}$	$\frac{2}{5}$	……

例えば，４組目のいちばん最後は，
$1+2+3+4=10$(番目) である。
同じように考えると，10 組目のいちばん最後は，
$1+2+3+\cdots\cdots+10=55$(番目) である。
よって，60 番目は 11 組目の５番目の数であるから，$\frac{5}{11}$

■ 18日目

解答

① 1203 ② $\frac{8}{9}$ ③ 44 人

解き方

① $2005\div2\frac{1}{4}+2005\times\frac{8}{9}-2005\div1\frac{4}{11}$

$=2005\times\frac{4}{9}+2005\times\frac{8}{9}-2005\times\frac{11}{15}$

$=2005\times\left(\frac{4}{9}+\frac{8}{9}-\frac{11}{15}\right)$

$=2005\times\frac{3}{5}$

$=1203$

② $\frac{1}{2}+\frac{1}{6}+\frac{1}{12}+\frac{1}{20}+\frac{1}{30}+\frac{1}{42}+\frac{1}{56}+\frac{1}{72}$

$=\frac{1}{1\times2}+\frac{1}{2\times3}+\frac{1}{3\times4}+\frac{1}{4\times5}+\frac{1}{5\times6}+\frac{1}{6\times7}$
$+\frac{1}{7\times8}+\frac{1}{8\times9}$

$=\left(\frac{1}{1}-\frac{1}{2}\right)+\left(\frac{1}{2}-\frac{1}{3}\right)+\left(\frac{1}{3}-\frac{1}{4}\right)+\left(\frac{1}{4}-\frac{1}{5}\right)$
$+\left(\frac{1}{5}-\frac{1}{6}\right)+\left(\frac{1}{6}-\frac{1}{7}\right)+\left(\frac{1}{7}-\frac{1}{8}\right)+\left(\frac{1}{8}-\frac{1}{9}\right)$

$=\frac{1}{1}-\frac{1}{2}+\frac{1}{2}-\frac{1}{3}+\frac{1}{3}-\frac{1}{4}+\frac{1}{4}-\frac{1}{5}+\frac{1}{5}$
$-\frac{1}{6}+\frac{1}{6}-\frac{1}{7}+\frac{1}{7}-\frac{1}{8}+\frac{1}{8}-\frac{1}{9}$

$=\frac{1}{1}-\frac{1}{9}$

$=\frac{8}{9}$

おぼえておこう

$\frac{1}{3\times4}=\frac{4-3}{3\times4}=\frac{4}{3\times4}-\frac{3}{3\times4}=\frac{1}{3}-\frac{1}{4}$
と変形することができる。

③ １室の定員が７名のとき，１室余るから，少なくとも７人分余る。さらに，もう１室で０人以上６人以下余ることも考えられるから，全部で７人以上 13 人以下余る。
１室５名の場合は４人分たらないから，１室７名の場合との差は 11 人以上 17 人以下。
部屋が１室だけだった場合，５人と７人で，差は２人。
２人の倍数で差がもっとも大きいのは 16 人の場合だから，部屋の数は最大で，
$16\div2=8$(室)
よって，生徒は最大で，$5\times8+4=44$(人)

■ 19日目

解答

① 481 ② 2，30，32 ③ 11：8：7

解き方

① $75\div0.5\times3.25-(28-3)\times3\frac{1}{4}+(19+4)\div\frac{4}{13}$

$=150\times\frac{13}{4}-25\times\frac{13}{4}+23\times\frac{13}{4}$

$=148\times\frac{13}{4}$

$=481$

② 3時間 12 分 20 秒$-\frac{209}{5}$分
=3時間 12 分 20 秒−41.8 分
=3時間 12 分 20 秒−41 分 48 秒
=2時間 30 分 32 秒

③ 池の1周の長さを1，A君，B君，C君の分速をそれぞれA，B，Cとすると，$A\times15-B\times15=1$だから，

$A-B=\frac{1}{15}$　同じように，$B+C=\frac{1}{3}$

B君とC君の速さの比は8：7より，

$B=\frac{1}{3}\times\frac{8}{8+7}=\frac{8}{45}$

$C=\frac{1}{3}\times\frac{7}{8+7}=\frac{7}{45}$

$A=\frac{1}{15}+B=\frac{11}{45}$

よって，$A:B:C=11:8:7$

■ 20日目

解答

① $\frac{19}{30}$　② 十四　③ 16 cm²

解き方

① $\left(\frac{1}{2}-\frac{1}{3}-\frac{1}{8}\right)\div\frac{1}{8}+\left(3\frac{1}{2}-2.3\right)\times\frac{1}{4}$

$=\frac{1}{24}\div\frac{1}{8}+(3.5-2.3)\times\frac{1}{4}$

$=\frac{1}{3}+1.2\times\frac{1}{4}$

$=\frac{1}{3}+\frac{3}{10}$

$=\frac{19}{30}$

② $(\square-3)\times\square\div2=77$

$(\square-3)\times\square=154$

154を素数の積の形に表すと，

$154=2\times7\times11$ だから，$11\times14=154$ とわかる。

よって，上の式を満たす□は，14

おぼえておこう

(□角形の対角線の本数)＝(□−3)×□÷2

③ 右の図のように，三角形ADEを三角形CDGに移動する。

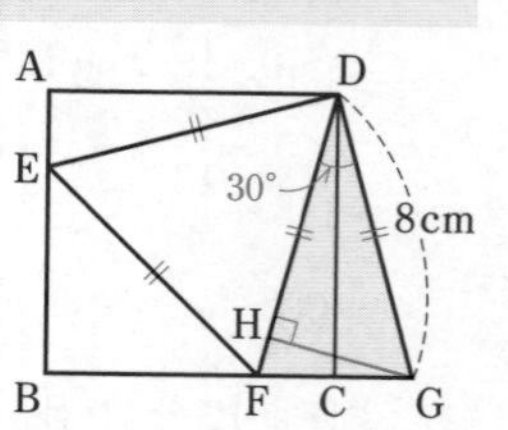

このとき，三角形DGHは30°，60°の角をもつ直角三角形だから，

$GH=DG\div2=4$(cm) である。

よって，斜線（しゃせん）部分の面積の合計は，

$8\times4\div2=16$(cm²)

■ 21日目

解答

① $\frac{5}{12}$　② $\frac{5}{8}$　③ 7個

解き方

① $0.6+\left(0.45\times3-\frac{3}{4}\right)\div6\times\frac{2}{3}-\frac{1}{4}$

$=\frac{3}{5}+\frac{3}{5}\times\frac{1}{6}\times\frac{2}{3}-\frac{1}{4}$

$=\frac{3}{5}+\frac{1}{15}-\frac{1}{4}$

$=\frac{5}{12}$

② $\left\{\left(\frac{7}{10}-\square\right)\times1.6+\frac{3}{100}\right\}\div\frac{5}{11}=0.33$

$\left(\frac{7}{10}-\square\right)\times1.6+0.03=0.33\times\frac{5}{11}$

$\left(\frac{7}{10}-\square\right)\times1.6=0.15-0.03$

$\frac{7}{10}-\square=0.12\div1.6$

$\square=\frac{7}{10}-\frac{3}{40}$

$\square=\frac{5}{8}$

③ 「一の位から0がいくつ連続するか」とは，「10で何回わり切ることができるか」ということである。

10を素数の積の形に表すと，$10=2\times5$

つまり，$1\times2\times\cdots\cdots\times30$ を素数の積の形に表したときに 2×5 の組がいくつあるかを求めればよい。

2はたくさんあるから，少ないほうの5の個数を求めると，

5，$10=2\times5$，$15=3\times5$，$20=4\times5$，$25=5\times5$，$30=2\times3\times5$

の7個ある。

よって，0は7個連続して並ぶ。

■ 22日目

解答

① 3.16　② $\frac{1}{7}$　③ 58

解き方

① $3.16\times0.45+8.5\times0.316-0.1\times9.48$

$=3.16\times0.45+3.16\times0.85-3.16\times0.3$
$=3.16\times(0.45+0.85-0.3)$
$=3.16$

② $\frac{1}{10}+\frac{1}{40}+\frac{1}{88}+\frac{1}{154}$

$=\frac{1}{2\times5}+\frac{1}{5\times8}+\frac{1}{8\times11}+\frac{1}{11\times14}$

$=\frac{1}{3}\times\left(\frac{1}{2}-\frac{1}{5}\right)+\frac{1}{3}\times\left(\frac{1}{5}-\frac{1}{8}\right)$

$+\frac{1}{3}\times\left(\frac{1}{8}-\frac{1}{11}\right)+\frac{1}{3}\times\left(\frac{1}{11}-\frac{1}{14}\right)$

$=\frac{1}{3}\times\left(\frac{1}{2}-\frac{1}{14}\right)$

$=\frac{1}{7}$

おぼえておこう

分母の数の差が **3** のとき,

$\frac{1}{2\times5}=\frac{1}{3}\times\frac{5-2}{2\times5}$

$=\frac{1}{3}\times\left(\frac{5}{2\times5}-\frac{2}{2\times5}\right)$

$=\frac{1}{\mathbf{3}}\times\left(\frac{1}{2}-\frac{1}{5}\right)$

③ $(0+1+2+3)\div9=0$ 余り 6
$(1+2+3+4)\div9=1$ 余り 1
$(2+3+4+5)\div9=1$ 余り 5
$(3+4+5+6)\div9=2$
$(4+5+6+7)\div9=2$ 余り 4
となる。
4 つの数の和は 4 ずつ増えるので, 4 と 9 の**最小公倍数**である 36 増えれば余りは 4 になるから,
$4+5+6+7+36=58$
このとき, $4+9=13$ より, 13, 14, 15, 16 で連続する 2 けたの整数となる。

■ 23 日目

解答

① $\frac{4}{15}$　② 3　③ 690 円

解き方

① $1\frac{3}{5}-\left\{4\times\left(3-\frac{1}{2}\right)\div3\right\}\div2\frac{1}{2}$

$=\frac{8}{5}-\left(4\times\frac{5}{2}\div3\right)\div\frac{5}{2}$

$=\frac{8}{5}-\frac{10}{3}\div\frac{5}{2}$

$=\frac{4}{15}$

② $2:3=(10-\square):(13-5\div2)$
$3\times(10-\square)=2\times(13-5\div2)$
$3\times(10-\square)=21$
$10-\square=7$
$\square=3$

③ 今年はバスと電車の料金がともに 20 %値上がりしたと仮定する。
このとき, 合計料金は,
$1350\times(1+0.2)=1620$(円)
実際との差は, $1620-1590=30$(円)
これは昨年のバス料金を 15 %ではなく 20 %値上げしたと仮定したためである。
よって, 昨年のバス料金の $20-15=5$ (%) 分が 30 円にあたることがわかる。
昨年のバス料金は, $30\div0.05=600$(円)
よって, 今年のバス料金は,
$600\times(1+0.15)=690$(円)

■ 24 日目

解答

① $\frac{1}{2}$　② 36 cm^2　③ 14 通り

解き方

① $2\times\left\{3-\frac{3}{10}\div\left(\frac{4}{5}-\frac{2}{3}\right)\right\}\div3$

$=2\times\left(3-\frac{3}{10}\div\frac{2}{15}\right)\times\frac{1}{3}$

$=2\times\left(3-\frac{9}{4}\right)\times\frac{1}{3}$

$=2\times\frac{3}{4}\times\frac{1}{3}$

$=\frac{1}{2}$

② 重なった部分の面積を 1 とする。
このとき, A の面積は $\frac{9}{4}$, B の面積は $\frac{7}{6}$ だから,

(A の面積) : (B の面積) $=\frac{9}{4}:\frac{7}{6}=27:14$

A の面積は,

$123\times\frac{27}{27+14}=81$ (cm^2)

よって, 重なった部分の面積は,

$81\times\frac{4}{9}=36$ (cm^2)

③ 2枚のカードのうち，1枚が9である場合，または2枚がともに3の倍数である場合が考えられる。
1枚が9の場合は，9とそれ以外の11枚だから，11通り。
9以外の3の倍数のカードは，3，6，12の3枚だから，この中から2枚を選ぶと，3通り。
よって，全部で $11+3=14$(通り)

■ 25日目

解答

① 2008.21 ② $\frac{1}{2}$ ③ 261°

解き方

① $4+27\times\left(19.5\div1\frac{31}{34}+64.03\right)$

$=4+27\times\left(\frac{195}{10}\div\frac{65}{34}+64.03\right)$

$=4+27\times\left(\frac{51}{5}+64.03\right)$

$=4+27\times74.23$

$=4+2004.21$

$=2008.21$

② $\left(5\frac{1}{4}-4\frac{1}{2}\times\square\right)\div4\frac{2}{3}+1\frac{5}{14}=2$

$\left(\frac{21}{4}-\frac{9}{2}\times\square\right)\div\frac{14}{3}=2-\frac{19}{14}$

$\frac{21}{4}-\frac{9}{2}\times\square=\frac{9}{14}\times\frac{14}{3}$

$\frac{9}{2}\times\square=\frac{21}{4}-3$

$\square=\frac{9}{4}\div\frac{9}{2}$

$\square=\frac{1}{2}$

③ ●×3+○×3=180°−81°=99°
ア=180°−(●×2+○)，イ=180°−(●+○×2)
よって，
ア+イ=360°−(●×3+○×3)=360°−99°=261°

■ 26日目

解答

① $\frac{24}{25}$ ② 6.37，0.005 ③ 10時間48分

解き方

① $\left\{\left(3.4-1\frac{4}{7}\right)\times3.75-\frac{18}{5}\right\}\div\frac{95}{28}$

$=\left\{\left(\frac{17}{5}-\frac{11}{7}\right)\times\frac{15}{4}-\frac{18}{5}\right\}\times\frac{28}{95}$

$=\left(\frac{64}{35}\times\frac{15}{4}-\frac{18}{5}\right)\times\frac{28}{95}$

$=\left(\frac{48}{7}-\frac{18}{5}\right)\times\frac{28}{95}$

$=\frac{114}{35}\times\frac{28}{95}$

$=\frac{24}{25}$

② 3.827÷0.6=6.37 余り 0.005

③ 右の図のように，24分で流される距離と3分で上る距離が等しい。上りの速さは時速10 kmより，流れの時速は，$10\times\frac{3}{24}=1.25$(km) 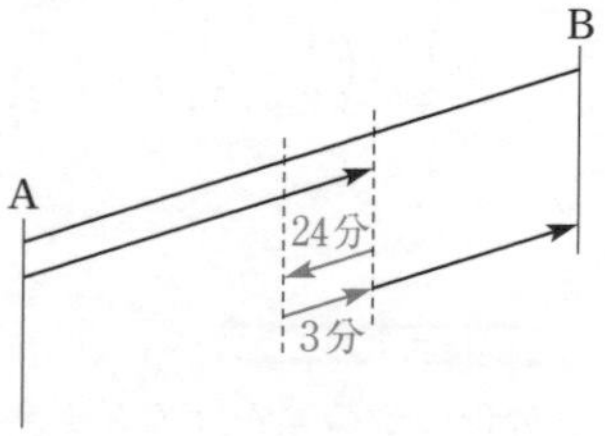
よって，下りの時速は，
$10+1.25\times2=12.5$(km)
$60\div12.5=4.8$(時間) より，4時間48分
よって，往復にかかる時間は，10時間48分

■ 27日目

解答

① $\frac{19}{10}$ ② 4350 ③ 115個

解き方

① $\left(3\frac{3}{4}-1\frac{5}{6}\right)\div\left(0.5+\frac{1}{3}\right)-3.44\div8.6$

$=\left(\frac{45}{12}-\frac{22}{12}\right)\div\left(\frac{3}{6}+\frac{2}{6}\right)-0.4$

$=\frac{23}{12}\div\frac{5}{6}-\frac{2}{5}$

$=\frac{23}{10}-\frac{2}{5}$

$=\frac{19}{10}$

② 180 mL+1.5 L−0.3 dL+0.0027 m^3
=180 cm^3+1500 cm^3−30 cm^3+2700 cm^3
=4350 cm^3
よって，□=4350

③ 定価は，1800×1.25=2250(円)
2日目の売り値は，2250×0.9=2025(円)

3日目の売り値は，$2025 \times 0.8 = 1620$(円)

2日目だけの利益は，

$(2025-1800)\times 90 = 20250$(円)

よって，1日目の450円の利益と3日目の180円の損失が合計 $250-90=160$(個) 分で，残りの $63900-20250=43650$(円) の利益となる。

つるかめ算で解くと，

$(43650+180\times 160)\div(450+180)=115$(個)

■ 28日目

解答

① $\frac{2}{9}$　② 540°　③ 86個

解き方

① $\left\{3\frac{2}{5}\div 3.57+\left(\frac{11}{15}-0.4\right)\right\}\div 5\frac{11}{14}$

$=\left\{\frac{17}{5}\times\frac{100}{357}+\left(\frac{11}{15}-\frac{2}{5}\right)\right\}\times\frac{14}{81}$

$=\left(\frac{20}{21}+\frac{1}{3}\right)\times\frac{14}{81}$

$=\frac{27}{21}\times\frac{14}{81}$

$=\frac{2}{9}$

② 右の図のように，補助線GDとFEをひく。

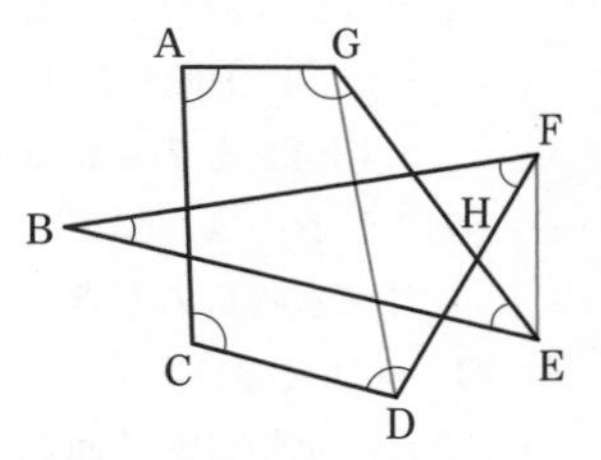

三角形GDHと三角形EFHに着目すると，

角HGD＋角HDG＝角HEF＋角HFE

よって，7つの角の大きさの和は，四角形ACDGと三角形BEFの内角の和と等しいから，

$360°+180°=540°$

③ 一の位の1は，1〜9に1個，10〜19に1個というように，10個に1個の割合である。

よって，$150\div 10=15$(個)

十の位の1は，10〜19と110〜119の20個。

百の位の1は，100〜150の51個。

よって，全部で，$15+20+51=86$(個)

■ 29日目

解答

① $\frac{1}{328}$　② 2　③ 26

解き方

① $\frac{1}{2009}+\frac{1}{392}$

$=\frac{1}{49\times 41}+\frac{1}{49\times 8}$

$=\frac{8}{49\times 41\times 8}+\frac{41}{49\times 8\times 41}$

$=\frac{49}{49\times 41\times 8}$

$=\frac{1}{328}$

② $51-(24\times\square-\square\times 15)\div 6=48$

$(24\times\square-\square\times 15)\div 6=3$

$24\times\square-\square\times 15=18$

$\square\times(24-15)=18$

$\square=2$

③ もっとも小さい2つの数の和は，

$A+B=18$

次に小さい2つの数の和は，

$A+C=24$

もっとも大きい2つの数の和は，

$C+D=34$

次に大きい2つの数の和は，

$B+D=28$

よって，$B+C=A+D=26$ となる。

■ 30日目

解答

① $\frac{1}{36}$　② 6　③ 1.68 cm^2

解き方

① $2\frac{11}{12}\div 2.625-0.5\times\left(\frac{221}{78}-\frac{4022}{6033}\right)$

$=\frac{35}{12}\div\frac{21}{8}-\frac{1}{2}\times\left(\frac{17}{6}-\frac{2}{3}\right)$

$=\frac{10}{9}-\frac{13}{12}$

$=\frac{1}{36}$

② $\left(3\times 0.25+4\frac{1}{2}\div\square\right)\div\frac{3}{2}=1$

$\frac{3}{4}+\frac{9}{2}\div\square=1\times\frac{3}{2}$

$\frac{9}{2}\div\square=\frac{3}{2}-\frac{3}{4}$

$\square=\frac{9}{2}\div\frac{3}{4}$

□＝6

③ 右の図のように補助線をひくと，三角形ODH は 30°，60° の角をもつ直角三角形であり，DH の長さは，

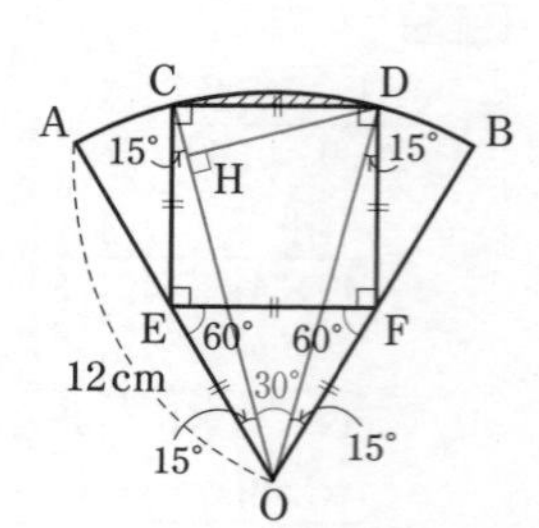

$12\div2=6$(cm)

よって，三角形 OCD の面積は，

$12\times6\div2=36$(cm^2)

おうぎ形 OCD の面積は，

$12\times12\times3.14\times\frac{30}{360}=37.68$(cm^2)

よって，斜線(しゃせん)部分の面積は，

$37.68-36=1.68$(cm^2)

パート 2

■ 31 日目

解答

❶ $1\frac{7}{12}$　❷ 2500　❸ ア，イ…火，土(順不同)

解き方

❶ $1-1\div[1+1\div\{1+1\div(1+1)+1\}+1]+1$

$=2-1\div\left\{2+1\div\left(2+\frac{1}{2}\right)\right\}$

$=2-1\div\left(2+1\times\frac{2}{5}\right)$

$=2-1\div\frac{12}{5}$

$=2-\frac{5}{12}$

$=1\frac{7}{12}$

❷ $0.001\ \mathrm{km}^2-500\ \mathrm{m}^2+20000000\ \mathrm{cm}^2$

$=1000\ \mathrm{m}^2-500\ \mathrm{m}^2+2000\ \mathrm{m}^2$

$=2500\ \mathrm{m}^2$

よって，□＝2500

❸ 第 1 水曜日を□日とする。

水曜日が 4 回だった場合の日にちの合計は，

□＋(□＋7)＋(□＋14)＋(□＋21)＝□×4＋42

□×4＋42 を 7 でわって 3 余るとき，□として考えられるのは，6

6 日が水曜日のとき，第 3 水曜日は 20 日だから，19 日は火曜日。

また，水曜日が 5 回だった場合の日にちの合計は，

□＋(□＋7)＋(□＋14)＋(□＋21)＋(□＋28)

＝□×5＋70

□×5＋70 を 7 でわって 3 余るとき，□として考えられるのは，2

2 日が水曜日のとき，第 3 水曜日は 16 日だから，19 日は土曜日。

よって，火曜日または土曜日。

■ 32 日目

解答

❶ $\frac{1}{30}$　❷ 75.36 cm^2　❸ 25

解き方

❶ $\frac{2}{15}-\left(3\frac{1}{6}-\frac{2}{5}\div0.15\right)\times0.2$

$=\frac{2}{15}-\left(\frac{19}{6}-\frac{8}{3}\right)\times\frac{1}{5}$

$=\frac{2}{15}-\frac{1}{2}\times\frac{1}{5}$

$=\frac{1}{30}$

❷ 三角形 OAD と三角形 FOE はそれぞれの角の大きさが等しく，OA＝OF だから，合同である。

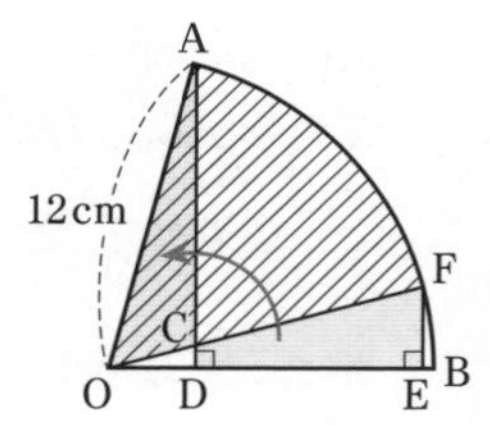

(四角形 CDEF)
＝(三角形 FOE)－(三角形 OCD)
＝(三角形 OAD)－(三角形 OCD)
＝(三角形 OAC)
より，斜線(しゃせん)部分の面積は上の図のように，中心角 60° のおうぎ形となる。

よって，$12\times12\times3.14\times\frac{60}{360}=75.36(\text{cm}^2)$

❸ 定価を 1 とすると，売り上げの合計は，
1×0.7×15＋1×0.8×25＋1×35＝65.5
65.5 は 400×80＋750＝32750(円) にあたるから，
定価の 1 は 32750÷65.5＝500(円)
500÷400＝1.25 だから，25 %増しとなる。

■ 33 日目

解答

❶ $1\frac{4}{7}$　❷ $5\frac{5}{9}$　❸ 450 歩

解き方

❶ $(1\div0.625+5)\times\left\{1-(2-0.125)\div\left(13+\frac{1}{8}\right)-\frac{13}{21}\right\}$

$=\left(1\div\frac{5}{8}+5\right)\times\left\{1-\left(2-\frac{1}{8}\right)\div\frac{105}{8}-\frac{13}{21}\right\}$

$=\left(\frac{8}{5}+5\right)\times\left(1-\frac{15}{8}\times\frac{8}{105}-\frac{13}{21}\right)$

$=\frac{33}{5}\times\left(1-\frac{1}{7}-\frac{13}{21}\right)$

$=\frac{33}{5}\times\frac{5}{21}$

$=1\frac{4}{7}$

❷ $\left(56-\square\times1\frac{4}{5}\right)\div1\frac{2}{3}-3.8=23.8$

$\left(56-\square\times\frac{9}{5}\right)\div\frac{5}{3}=27\frac{3}{5}$

$56-\square\times\frac{9}{5}=\frac{138}{5}\times\frac{5}{3}$

$\square\times\frac{9}{5}=56-46$

$\square=10\times\frac{5}{9}$

$\square=5\frac{5}{9}$

❸ A 君と B 君の歩幅(ほはば)の比は 4：3，同じ時間の A 君と B 君の歩数の比は 5：6 より，同じ時間の A 君と B 君の歩く距離の比は，
(4×5)：(3×6)＝⑩：⑨

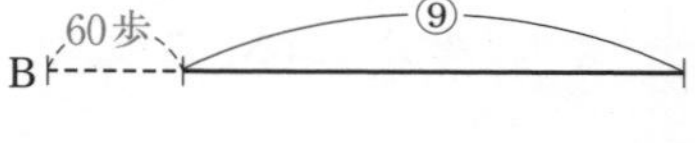

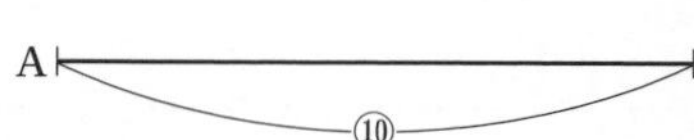

上の図より，①は 60 歩だから，⑨は 540 歩。
A 君と B 君の歩数の比は 5：6 だから，B 君が 540 歩歩く間に，A 君は $540\times\frac{5}{6}=450$ (歩) 歩いて B 君に追いつく。

■ 34 日目

解答

❶ $\frac{13}{16}$　❷ 0.103　❸ 36 分

解き方

❶ $4\frac{3}{4}-\left\{\left(5\frac{1}{4}-0.125\times2\frac{2}{3}\right)\div5\frac{1}{3}+\frac{1}{16}\right\}\times4$

$=\frac{19}{4}-\left\{\left(\frac{21}{4}-\frac{1}{8}\times\frac{8}{3}\right)\times\frac{3}{16}+\frac{1}{16}\right\}\times4$

$=\frac{19}{4}-\left(\frac{59}{12}\times\frac{3}{16}+\frac{1}{16}\right)\times4$

$=\frac{19}{4}-\frac{63}{64}\times4$

$=\frac{13}{16}$

❷ $(111\times777+122.1\times333)\div(222\times5550)$

$=\frac{111\times111\times7+111\times1.1\times111\times3}{111\times2\times111\times50}$

$=\frac{111\times111\times(7+3.3)}{111\times111\times2\times50}$

$=\frac{7+3.3}{2\times50}$

$=0.103$

❸ 水槽(すいそう)いっぱいの水の量を 1 とすると，

A 2 台と B 1 台で，1 分間に入る水の量は $\frac{1}{108}$

同じように，B 2 台と C 1 台では，1 分間に $\frac{1}{72}$

また，C 2 台と A 1 台では，1 分間に $\frac{1}{54}$

これらをすべてたし合わせる（A 3 台と B 3 台と C 3 台）と，

$\frac{1}{108}+\frac{1}{72}+\frac{1}{54}=\frac{2+3+4}{216}=\frac{1}{24}$

このとき，A 2 台と B 2 台と C 2 台で，1 分間に入る水の量は

$\frac{1}{24}\times\frac{2}{3}=\frac{1}{36}$ より，36 分で満水になる。

■ 35 日目

解答

❶ 0.6 ❷ $3\frac{1}{3}$ ❸ 120 cm²

解き方

❶ $\frac{2}{3}\times\left\{2.25\div\left(\frac{3}{4}-\frac{2}{3}\div1\frac{1}{9}\right)\times\frac{1}{2}-3.3\right\}\div\frac{14}{3}$

$=\frac{2}{3}\times\left\{\frac{9}{4}\div\left(\frac{3}{4}-\frac{3}{5}\right)\times\frac{1}{2}-3.3\right\}\times\frac{3}{14}$

$=\frac{2}{3}\times\left(\frac{9}{4}\div\frac{3}{20}\times\frac{1}{2}-3.3\right)\times\frac{3}{14}$

$=\frac{2}{3}\times\left(\frac{15}{2}-3.3\right)\times\frac{3}{14}$

$=\frac{2}{3}\times4.2\times\frac{3}{14}$

$=4.2\times\frac{1}{7}$

$=0.6$

❷ $\left\{11\frac{1}{2}\times\left(1-\frac{1}{5}\right)-2.25\times\square\right\}\div1\frac{2}{15}=1.5$

$\frac{23}{2}\times\frac{4}{5}-2.25\times\square=1.5\times\frac{17}{15}$

$9.2-2.25\times\square=1.7$

$2.25\times\square=7.5$

$\square=3\frac{1}{3}$

❸ 右の図のように，正六角形を正三角形 6 つに分けて考える。

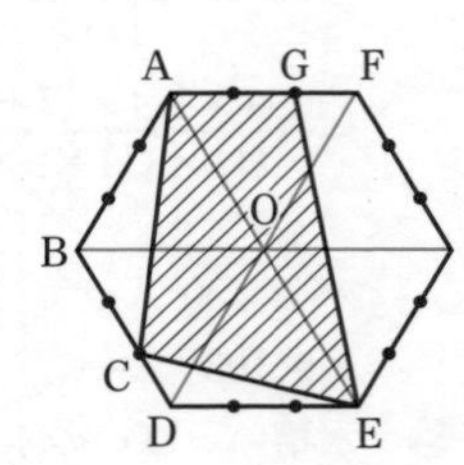

正三角形の面積は，

$216\div6=36(\text{cm}^2)$

三角形 AEG は正三角形 AOF と比べると，底辺が $\frac{2}{3}$ 倍で高さが 2 倍だから，面積は，

$36\times\frac{2}{3}\times2=48(\text{cm}^2)$

また，台形 ABDE の面積は，

$216\div2=108(\text{cm}^2)$

三角形 ABC の面積は，正三角形 OBD と比べると，底辺が $\frac{2}{3}$ 倍で高さが等しいから，面積は，

$36\times\frac{2}{3}=24(\text{cm}^2)$

三角形 CDE の面積は正三角形 OBD と比べると，底辺が $\frac{1}{3}$ 倍で高さが等しいから，面積は，

$36\times\frac{1}{3}=12(\text{cm}^2)$

よって，三角形 ACE の面積は，

$108-24-12=72(\text{cm}^2)$

したがって，斜線（しゃせん）部分の面積は，

$48+72=120(\text{cm}^2)$

■ 36 日目

解答

❶ 1 ❷ 15.48 cm² ❸ 15，19，21，24，31

解き方

❶ $2\times7\times7\times\left(\frac{98}{99}-\frac{97}{98}\right)\times9\times11$

$=98\times\frac{98\times98-97\times99}{99\times98}\times99$

$=\frac{99\times98\times(98\times98-97\times99)}{99\times98}$

$=98\times98-97\times99$

$=(98\times97+98)-(97\times98+97)$

$=98-97$

$=1$

❷ 正方形をひし形と考えると，

(対角線)×(対角線)÷2=72 だから，

(対角線)×(対角線)=144

よって，対角線は 12 cm となる。

このとき，円とおうぎ形の半径は，

$12\div4=3(\text{cm})$

白い部分の面積は，円が 2 つ分だから，

$3\times3\times3.14\times2=56.52(\text{cm}^2)$

よって，斜線（しゃせん）部分の面積は，

$72-56.52=15.48(\text{cm}^2)$

おぼえておこう

正方形の面積は，1辺の長さがわからなくても，
対角線の長さがわかれば，
(対角線)×(対角線)÷2
で求めることができる。

❸ 5つの異なる整数を小さい順に A，B，C，D，E とする。
もっとも小さいのは，A+B+C=55
次に小さいのは，A+B+D=58
もっとも大きいのは，C+D+E=76
次に大きいのは，B+D+E=74
ここで，
(A+B+C)+(A+B+D)+(A+B+E)
+(A+C+D)+(A+C+E)+(A+D+E)
+(B+C+D)+(B+C+E)+(B+D+E)
+(C+D+E)
=6×(A+B+C+D+E)
=55+58+60+64+65+67+70+71+74+76
=660
よって，A+B+C+D+E=110 だから，
(A+B+C)+(C+D+E)−(A+B+C+D+E)
=C=55+76−110=21
であることがわかる。
DはCより3大きいから，
D=21+3=24
同じように，BはCより2小さいから，
B=21−2=19
また，A=55−B−C=55−19−21=15
E=76−C−D=76−21−24=31
となる。

■ 37日目

解答

❶ $\frac{1}{5}$　❷ $\frac{16}{39}$　❸ 39通り

解き方

❶ $\left\{1.2\times\left(\frac{5}{2}-\frac{2}{3}\right)-\left(\frac{14}{5}-\frac{1}{15}\right)\div\left(\frac{9}{2}-\frac{2}{5}\right)\times\frac{6}{5}\right\}\div7$

$=\left(\frac{6}{5}\times\frac{11}{6}-\frac{41}{15}\div\frac{41}{10}\times\frac{6}{5}\right)\div7$

$=\left(\frac{11}{5}-\frac{4}{5}\right)\div7$

$=\frac{1}{5}$

❷ $11\frac{2}{7}-\left(2.8+1\frac{1}{3}\div\square\right)\div2.31=8\frac{2}{3}$

$\left(2.8+\frac{4}{3}\div\square\right)\div\frac{231}{100}=\frac{79}{7}-\frac{26}{3}$

$2.8+\frac{4}{3}\div\square=\frac{55}{21}\times\frac{231}{100}$

$\frac{4}{3}\div\square=\frac{121}{20}-\frac{28}{10}$

$\square=\frac{4}{3}\div\frac{13}{4}$

$\square=\frac{16}{39}$

❸ 4人でじゃんけんをするとき，あいこになるのは4人が同じ手を出す場合で，3通り。
さらに，4人で3種類の手を出す場合は，(グ・グ・チ・パ)の並べかえで，
(4×3×2×1)÷(2×1)=12(通り)
同じように，(グ・チ・チ・パ)，(グ・チ・パ・パ)もそれぞれ12通りずつあるから，
12×3=36(通り)
よって，全部で，3+36=39(通り)

■ 38日目

解答

❶ $2\frac{1}{12}$　❷ $\frac{9}{43}$　❸ 600 m

解き方

❶ $7\frac{1}{3}-\left\{3\frac{1}{2}-\left(4-2\frac{1}{4}\right)\times\frac{3}{14}\right\}\div\left(\frac{1}{6}+\frac{3}{7}\right)$

$=\frac{22}{3}-\left(\frac{7}{2}-\frac{7}{4}\times\frac{3}{14}\right)\div\left(\frac{7}{42}+\frac{18}{42}\right)$

$=\frac{22}{3}-\left(\frac{7}{2}-\frac{3}{8}\right)\div\frac{25}{42}$

$=\frac{22}{3}-\frac{25}{8}\times\frac{42}{25}$

$=\frac{88}{12}-\frac{63}{12}$

$=2\frac{1}{12}$

❷ $\left\{2.52\div\left(1\frac{9}{20}+2.42\right)\div\square-3\right\}\div\frac{1}{2}=\frac{2}{9}$

$2.52\div(1.45+2.42)\div\square-3=\frac{2}{9}\times\frac{1}{2}$

$2.52\div3.87\div\square=\frac{1}{9}+3$

$$\frac{252}{387} \div \square = \frac{28}{9}$$

$$\square = \frac{252}{387} \times \frac{9}{28}$$

$$\square = \frac{9}{43}$$

❸ (Aの速さ)：(Bの速さ)＝0.75：1 より，
(Aの時間)：(Bの時間)＝1：0.75 となる。
よって，電車Aは電車Bと同じ速さならば，トンネルPを 60×0.75＝45(秒) で通過する。

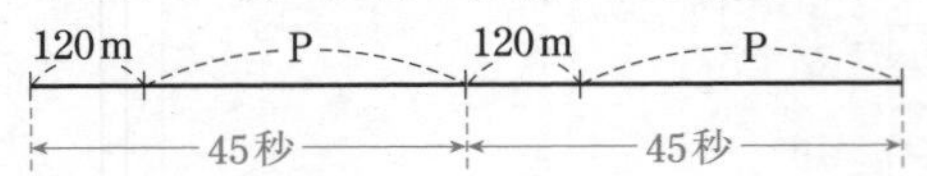

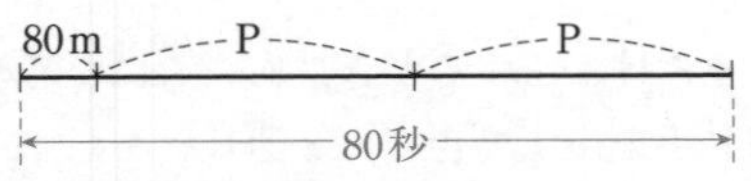

上の図より，電車Bは
120×2＋P×2－80－P×2＝160(m) 進むのに，
45×2－80＝10(秒) かかるから，
電車Bの秒速は，160÷10＝16(m)
電車Aの秒速は，16×0.75＝12(m)
したがって，トンネルPの長さは，
12×60－120＝600(m)

■ 39日目

解答

❶ $\frac{7}{12}$　❷ 999　❸ 1280円

解き方

❶ $2\times\left(\frac{3}{4}\div\frac{1}{5}-\frac{6}{5}\div\frac{4}{3}\right)-\frac{2}{3}\times\left(\frac{3}{4}\div\frac{1}{5}-\frac{6}{5}\div\frac{4}{3}\right)$
$-\left(\frac{3}{4}\div\frac{1}{5}-\frac{2}{3}\div\frac{5}{4}\right)$
$=\left(2-\frac{2}{3}\right)\times\left(\frac{3}{4}\times5-\frac{6}{5}\times\frac{3}{4}\right)-\left(\frac{3}{4}\times5-\frac{2}{3}\times\frac{4}{5}\right)$
$=\frac{4}{3}\times\frac{3}{4}\times\left(5-\frac{6}{5}\right)-\left(\frac{15}{4}-\frac{8}{15}\right)$
$=\frac{19}{5}-\frac{193}{60}$
$=\frac{7}{12}$

❷ 999×999×999－998×999×1000
＝999×(999×999－998×1000)
＝999×{(999×998＋999)－(998×999＋998)}
＝999×(999－998)
＝999

❸ 定価を1とすると，次のような図に表すことができる。

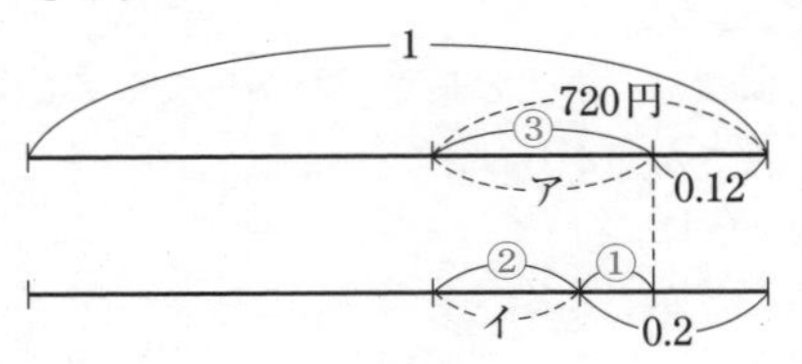

ア×14＝イ×21 より，
ア：イ＝21：14＝③：②
となる。
このとき，0.2－0.12＝0.08 が ③－②＝① にあたるから，
ア＝0.08×3＝0.24
よって，720÷(0.24＋0.12)＝2000(円) が定価の1だから，原価は，
2000－720＝1280(円)

■ 40日目

解答

❶ $\frac{1}{33}$　❷ 19.68 cm²　❸ 48個

解き方

❶ $\left\{\left(\frac{7}{11}-0.61\right)\times4\frac{1}{3}\right\}\div\left\{\frac{8}{5}\times\left(\frac{3}{2}+0.7\right)+\frac{1}{4}\right\}$
$=\left\{\left(\frac{7}{11}-\frac{61}{100}\right)\times\frac{13}{3}\right\}\div\left\{\frac{8}{5}\times\left(\frac{15}{10}+\frac{7}{10}\right)+\frac{1}{4}\right\}$
$=\left(\frac{29}{1100}\times\frac{13}{3}\right)\div\left(\frac{8}{5}\times\frac{22}{10}+\frac{1}{4}\right)$
$=\frac{377}{3300}\div\left(\frac{88}{25}+\frac{1}{4}\right)$
$=\frac{377}{3300}\div\frac{377}{100}$
$=\frac{1}{33}$

❷ 右の図のように補助線をひくと，三角形AEFは30°，60°の角をもつ直角三角形であることがわかる。 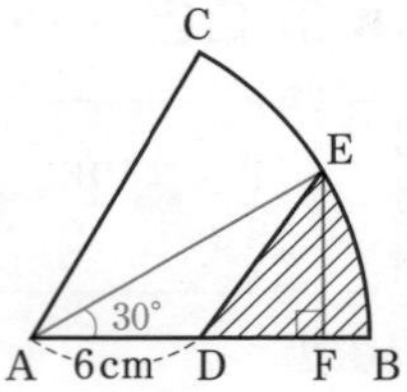
EFはAEの半分だから，
EF＝12÷2＝6(cm)
(三角形ADE)＝AD×EF÷2＝6×6÷2
＝18(cm²)
よって，斜線(しゃせん)部分の面積は，
$12\times12\times3.14\times\frac{30}{360}-18=19.68(\text{cm}^2)$

❸ 小さな立方体は全部で，4×4×4=64(個)
このうち，切断される立方体は，下の図の色のついた部分の立方体だから 16 個。

上から1段目

2段目

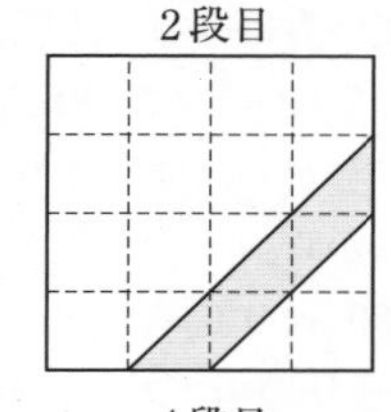

3段目

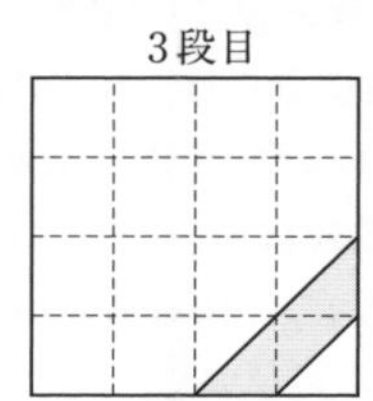

4段目

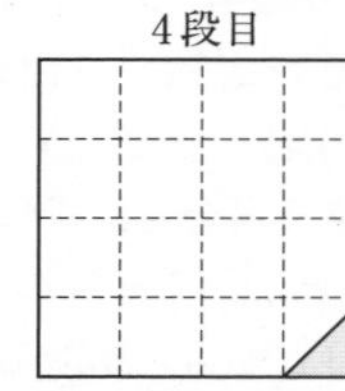

よって，切断されない立方体は，
64−16=48(個)

■ 41日目

解答

❶ $1\frac{3}{10}$　❷ 22　❸ 4400 円

解き方

❶ $3.8\times\left\{4\frac{2}{3}-\left(2.75+4\frac{1}{3}\right)\div2\frac{5}{6}\right\}\div6\frac{1}{3}$

$=\frac{19}{5}\times\left\{\frac{14}{3}-\left(\frac{11}{4}+\frac{13}{3}\right)\times\frac{6}{17}\right\}\times\frac{3}{19}$

$=\left(\frac{14}{3}-\frac{85}{12}\times\frac{6}{17}\right)\times\frac{19}{5}\times\frac{3}{19}$

$=\left(\frac{14}{3}-\frac{5}{2}\right)\times\frac{3}{5}$

$=\frac{13}{6}\times\frac{3}{5}$

$=1\frac{3}{10}$

❷ $\left[\left\{\left(\square-\frac{1}{2}\right)\times\frac{1}{3}-\frac{1}{4}\right\}\div\frac{1}{5}-\frac{1}{6}\right]\div7=4\frac{11}{12}$

$\left\{\left(\square-\frac{1}{2}\right)\times\frac{1}{3}-\frac{1}{4}\right\}\div\frac{1}{5}=\frac{59}{12}\times7+\frac{1}{6}$

$\left\{\left(\square-\frac{1}{2}\right)\times\frac{1}{3}-\frac{1}{4}\right\}\div\frac{1}{5}=\frac{413}{12}+\frac{2}{12}$

$\left(\square-\frac{1}{2}\right)\times\frac{1}{3}-\frac{1}{4}=\frac{415}{12}\times\frac{1}{5}$

$\left(\square-\frac{1}{2}\right)\times\frac{1}{3}=\frac{83}{12}+\frac{1}{4}$

$\square-\frac{1}{2}=\frac{86}{12}\times3$

$\square=\frac{43}{2}+\frac{1}{2}$

$\square=22$

❸ シールを 8 枚集めると 100 円のジュースがもらえるから，シール 1 枚は，100÷8=12.5(円) にあたる。
シールのないジュースだったとすると，1 本は 100−12.5=87.5(円)
50 本のジュースが必要なとき，
87.5×50=4375(円) 必要である。
ただし，100 円のジュースを何本か買うときに必要なお金は，100 円の倍数だから，4375 円以上で 100 円の倍数は 4400 円。

別解　はじめに 8 本買うと，次からは 7 本買うだけで 1 本もらえる。50 以下で 50 にもっとも近い 8 の倍数は 48 だから，7 本買う回数は，
(48−8)÷8=5(回)
また，残り 2 本のうち 1 本はもらえるので，50 本のジュースに必要なお金は，
(8+7×5+1)×100=4400(円)

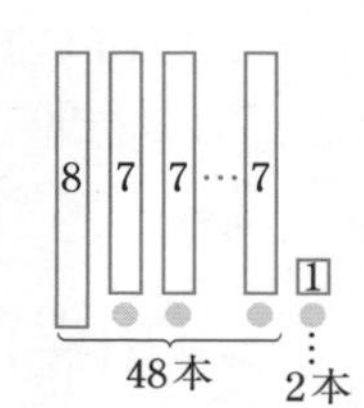

■ 42日目

解答

❶ $\frac{11}{12}$　❷ $\frac{1}{3}$　❸ 3 時$13\frac{11}{13}$分

解き方

❶ $\frac{10}{3}\times\left\{\frac{1}{77}\times(58.22-34.79)-\frac{9}{35}\right\}\div\frac{6}{35}$

$=\frac{10}{3}\times\left(\frac{1}{77}\times23.43-\frac{9}{35}\right)\times\frac{35}{6}$

$=\frac{10}{3}\times\left(\frac{2343}{7700}-\frac{9}{35}\right)\times\frac{35}{6}$

$=\frac{10}{3}\times\left(\frac{213}{700}-\frac{180}{700}\right)\times\frac{35}{6}$

$=\frac{10}{3}\times\frac{33}{700}\times\frac{35}{6}$

$=\frac{11}{12}$

❷ $\left(1.25-\frac{5}{7}\right)\times\frac{7}{18}-\left(0.35\div3\frac{1}{2}\right)=\square-\frac{3}{8}\times0.6$

$\left(\frac{5}{4}-\frac{5}{7}\right)\times\frac{7}{18}-\left(\frac{7}{20}\times\frac{2}{7}\right)=\square-\frac{3}{8}\times\frac{3}{5}$

$\frac{15}{28}\times\frac{7}{18}-\frac{1}{10}=\square-\frac{9}{40}$

$\frac{5}{24}-\frac{1}{10}=\square-\frac{9}{40}$

$\square=\frac{5}{24}-\frac{1}{10}+\frac{9}{40}$

$\square=\frac{1}{3}$

❸ 1分間で長針は6°，短針は0.5° 回転するから，その比は12：1
右の図のように，3の数字をはさんで同じ角度になるとき，短針の回転した角ウを①とすると，角アは⑫，角イと角ウは等しいから，角イは①

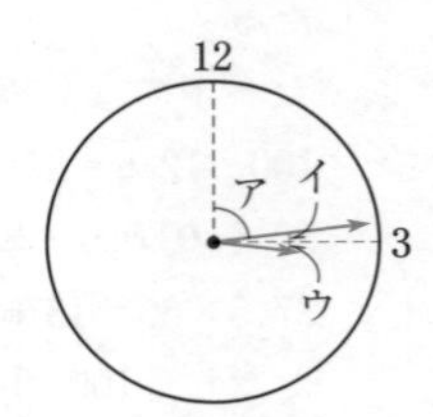

ア＋イ＝90° より，⑬＝90°

よって，$①=\left(\frac{90}{13}\right)^\circ$

短針が $\left(\frac{90}{13}\right)^\circ$ 回転するのにかかる時間は，

$\frac{90}{13}\div0.5=\frac{180}{13}=13\frac{11}{13}$(分)

=50分
よって，□=50

❸ 1円，5円，10円，50円のそれぞれの硬貨において，使い方は0枚，1枚，2枚の3通りずつあるから，3×3×3×3=81(通り) の使い方が考えられる。しかし，すべて0枚のときは0円になってしまうから，
81−1=80(通り)
この80通りの中で，1円硬貨と50円硬貨を使う枚数が等しいとき，「5円硬貨を0枚，10円硬貨を2枚使う場合」と「5円硬貨を2枚，10円硬貨を1枚使う場合」は同じ金額になる。
1円硬貨と50円硬貨の考えられる使い方は(3×3)通りだから，80通りからひいて，
80−9=71(通り)
同じように，「5円硬貨を0枚，10円硬貨を1枚使う場合」と「5円硬貨を2枚，10円硬貨を0枚使う場合」も同じ金額になるから，
71−9=62(通り)

■ 43日目

解答

❶ $\frac{7}{20}$　❷ 50　❸ 62通り

解き方

❶ $\left\{\left(\frac{1}{4}-\frac{1}{25}\right)\times\left(\frac{1}{3}-\frac{1}{7}\right)\right\}\div\frac{4}{25}+(0.12\div0.1-1)\div\frac{2}{5}-\frac{2}{5}$

$=\frac{21}{100}\times\frac{4}{21}\times\frac{25}{4}+\frac{1}{5}\times\frac{5}{2}-\frac{2}{5}$

$=\frac{1}{4}+\frac{1}{2}-\frac{2}{5}$

$=\frac{7}{20}$

❷ $2\frac{1}{60}$ 日 $-\frac{107}{108}$ 日 −23時間47分20秒

$=\left(1\text{日}-\frac{107}{108}\text{日}\right)+(1\text{日}-23\text{時間}47\text{分}20\text{秒})+\frac{1}{60}\text{日}$

$=\frac{1}{108}$ 日 +12分40秒 $+\frac{1}{60}$ 日

$=\frac{1440}{108}$ 分 $+12\frac{2}{3}$ 分 $+\frac{1440}{60}$ 分

$=\frac{40}{3}$ 分 $+\frac{38}{3}$ 分 +24分

■ 44日目

解答

❶ $\frac{7}{24}$　❷ 20 cm^2

❸ (ア，イ)＝(9，72)，(10，40)，(12，24)

解き方

❶ $\frac{17}{18}\times2.25-\left\{1\frac{1}{4}-\left(\frac{23}{24}-0.375\right)\right\}\div1.6\div\left(\frac{7}{6}-\frac{31}{33}\right)$

$=\frac{17}{18}\times\frac{9}{4}-\left\{\frac{5}{4}-\left(\frac{23}{24}-\frac{3}{8}\right)\right\}\div\frac{8}{5}\div\left(\frac{7}{6}-\frac{31}{33}\right)$

$=\frac{17}{8}-\left(\frac{5}{4}-\frac{7}{12}\right)\times\frac{5}{8}\div\left(\frac{77}{66}-\frac{62}{66}\right)$

$=\frac{17}{8}-\frac{8}{12}\times\frac{5}{8}\times\frac{66}{15}$

$=\frac{17}{8}-\frac{11}{6}$

$=\frac{7}{24}$

❷ 三角形OBGは30°，60°の角をもつ直角三角形だから，OB：OG＝2：1
OG＝OEだから，
OB：OE＝2：1
三角形ABCと三角形DEFは**相似**(ある図形を拡大・縮小した図形は，

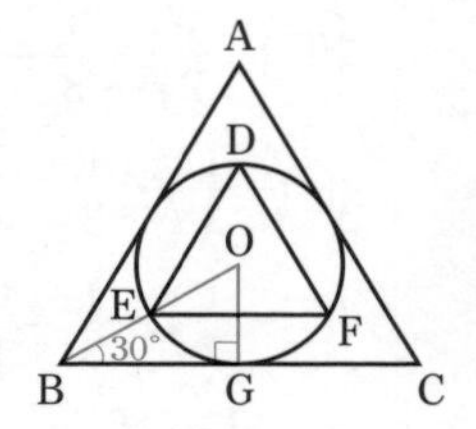

もとの図形と相似であるという）であり，辺の比は2：1

よって，面積の比は（2×2）：（1×1）＝4：1 だから，三角形DEFの面積は，

$80\times\frac{1}{4}=20(\mathrm{cm}^2)$

おぼえておこう

2つの相似な図形では，辺の長さの比が $a:b$ のとき，面積の比は，$(a\times a):(b\times b)$

別解　右の図のように，三角形DEFを回転させると，三角形DEFは三角形ABCの $\frac{1}{4}$ であることがわかる。

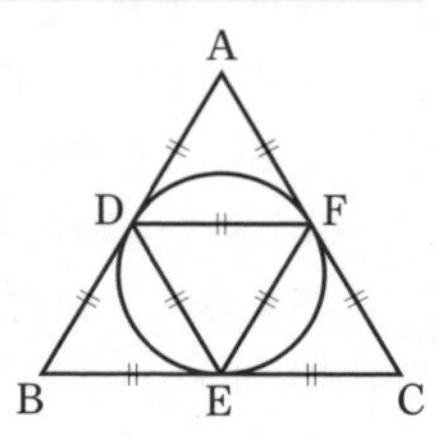

よって，面積は，

$80\times\frac{1}{4}=20(\mathrm{cm}^2)$

❸ $\frac{1}{8}=\frac{1}{ア}+\frac{1}{イ}$ を $\frac{1}{イ}=\frac{1}{8}-\frac{1}{ア}$ として考える。

このとき，アに9以上16以下の数を入れて，あてはまる数をさがす。（アに16より大きな数を入れるとイよりアのほうが大きくなってしまう。）

$\frac{1}{イ}=\frac{1}{8}-\frac{1}{9}=\frac{1}{72}$

$\frac{1}{イ}=\frac{1}{8}-\frac{1}{10}=\frac{1}{40}$

$\frac{1}{イ}=\frac{1}{8}-\frac{1}{12}=\frac{1}{24}$

■ 45日目

解答

❶ 5　❷ 4　❸ 288 cm³

解き方

❶ $7-\left\{1\frac{1}{3}+\left(5\frac{1}{3}-\square\right)\div2\frac{1}{4}\right\}\times3.375=2$

$\left\{\frac{4}{3}+\left(\frac{16}{3}-\square\right)\div\frac{9}{4}\right\}\times\frac{27}{8}=7-2$

$\frac{4}{3}+\left(\frac{16}{3}-\square\right)\div\frac{9}{4}=5\times\frac{8}{27}$

$\left(\frac{16}{3}-\square\right)\div\frac{9}{4}=\frac{40}{27}-\frac{4}{3}$

$\frac{16}{3}-\square=\frac{4}{27}\times\frac{9}{4}$

$\frac{16}{3}-\square=\frac{1}{3}$

$\square=5$

❷ $1\div[1-1\div\{1+1\div(1-1\div\square)\}]=1\frac{3}{4}$

$1-1\div\{1+1\div(1-1\div\square)\}=1\div\frac{7}{4}$

$1\div\{1+1\div(1-1\div\square)\}=1-\frac{4}{7}$

$1+1\div(1-1\div\square)=1\div\frac{3}{7}$

$1\div(1-1\div\square)=\frac{7}{3}-1$

$1-1\div\square=1\div\frac{4}{3}$

$1\div\square=1-\frac{3}{4}$

$\square=4$

❸ 右の図のように，正方形ABCDに着目する。このとき正方形ABCDは，右下の図のような三角形BEFを底面とする高さ12 cmの三角すいの展開図になっている。

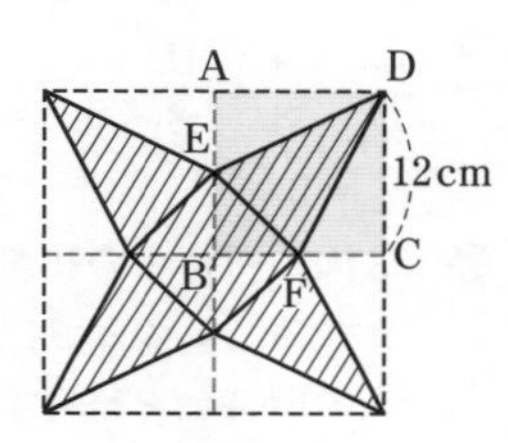

よって，この三角すいの体積は，

$(6\times6\div2)\times12\div3=72(\mathrm{cm}^3)$

斜線（しゃせん）部分の図形を組み立ててできる立体は，この三角すいが4つ分だから，

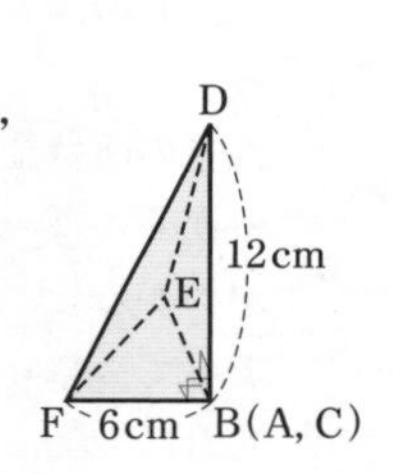

$72\times4=288(\mathrm{cm}^3)$

おぼえておこう

（角すい・円すいの体積）＝（底面積）×（高さ）÷3

■ 46日目

解答

❶ $\frac{2}{3}$　❷ 3　❸ 2250円

解き方

❶ $\left(2-\frac{4}{5}\div\square\right)\times4\frac{1}{2}+6\frac{1}{4}\div12.5-15.4\times\left(\frac{1}{6}-\frac{2}{21}\right)=3$

$\left(2-\frac{4}{5}\div\square\right)\times\frac{9}{2}+\frac{25}{4}\times\frac{2}{25}-\frac{77}{5}\times\left(\frac{7}{42}-\frac{4}{42}\right)=3$

$\left(2-\frac{4}{5}\div\square\right)\times\frac{9}{2}+\frac{1}{2}-\frac{11}{10}=3$

$\left(2-\frac{4}{5}\div\square\right)\times\frac{9}{2}=\frac{30}{10}-\frac{5}{10}+\frac{11}{10}$

$\left(2-\frac{4}{5}\div\square\right)\times\frac{9}{2}=\frac{18}{5}$

$2-\frac{4}{5}\div\square=\frac{18}{5}\times\frac{2}{9}$

$\frac{4}{5}\div\square=2-\frac{4}{5}$

$\square=\frac{4}{5}\div\frac{6}{5}$

$\square=\frac{2}{3}$

❷ $2\frac{2}{3}-\frac{4}{3}\times\left\{\square-\frac{3}{14}\div\left(\frac{6}{7}-\frac{2}{3}\right)\right\}=\frac{1}{6}$

$\frac{4}{3}\times\left(\square-\frac{3}{14}\div\frac{4}{21}\right)=\frac{8}{3}-\frac{1}{6}$

$\square-\frac{3}{14}\times\frac{21}{4}=\frac{5}{2}\times\frac{3}{4}$

$\square-\frac{9}{8}=\frac{15}{8}$

$\square=3$

❸ 3人の所持金の和を⑳とする。このとき，3人の所持金を整理すると，右の図のようになる。

	A	B	C	和
最初	⑫	⑥	②	⑳
やり取り後	⑩	⑤	⑤	⑳
募金後	$\boxed{3}$	$\boxed{1}$	$\boxed{1}$	

A君の所持金は⑫から600円減って⑩になっているから，②＝600円より，①＝300円であることがわかる。

よって，やり取り後の3人の所持金は，

A君は 300×10＝3000(円)

B君は 300×5＝1500(円)

C君は 300×5＝1500(円)

3人とも同じ金額を募金(ぼきん)するから，3人の所持金の差は変わらず，A君とB君の所持金の差の1500円が $\boxed{3}-\boxed{1}=\boxed{2}$ にあたる。

よって，$\boxed{1}$＝1500÷2＝750(円)

B君の所持金は1500円から750円になっており，750円の募金をしたことがわかるから，3人の募金した合計金額は，

750×3＝2250(円)

■ 47日目

解答

❶ 10 ❷ ア＝1，イ＝9 ❸ 4.287

解き方

❶ $\left\{\left(\square-\frac{1}{3}\right)\times\frac{1}{4}-\left(2.5-\frac{5}{16}\right)\right\}\div\frac{1}{4}=\frac{11}{12}$

$\left\{\left(\square-\frac{1}{3}\right)\times\frac{1}{4}-\left(\frac{5}{2}-\frac{5}{16}\right)\right\}=\frac{11}{12}\times\frac{1}{4}$

$\left(\square-\frac{1}{3}\right)\times\frac{1}{4}-\frac{35}{16}=\frac{11}{48}$

$\left(\square-\frac{1}{3}\right)\times\frac{1}{4}=\frac{29}{12}$

$\square-\frac{1}{3}=\frac{29}{3}$

$\square=10$

❷ アイ×ウ＝152，アイ×エ＝114 より，2けたの整数アイは152と114の公約数であることがわかる。

152と114の最大公約数は38だから，公約数は1，2，19，38

```
          ウエ5
アイ)□□□□□
     1 5 2
       □□□
       1 1 4
           □□
           オカ
             0
```

アイ×5＝オカ より，アイを5倍にしても2けたの整数になるから，

アイ＝19

❸ 4282.713は小数第3位まである小数だから，整数Bからひいた小数Aは，小数第3位まである小数であることがわかる。小数Aの小数点を除くと1000倍になるから，BはAの1000倍の整数である。

よって，B−A＝A×1000−A＝A×999＝4282.713

A＝4282.713÷999＝4.287

■ 48日目

解答

❶ $2\frac{5}{6}$ ❷ 803.84 cm^2 ❸ 88点

解き方

❶ $2\times\left(\frac{23}{10}+2.25\right)\div\left\{\frac{8}{5}\div\left(4\frac{1}{6}-\square\right)-\frac{1}{3}\right\}=10.5$

$\frac{91}{10}\div\left\{\frac{8}{5}\div\left(\frac{25}{6}-\square\right)-\frac{1}{3}\right\}=\frac{21}{2}$

$\frac{8}{5}\div\left(\frac{25}{6}-\square\right)-\frac{1}{3}=\frac{91}{10}\div\frac{21}{2}$

$\frac{8}{5}\div\left(\frac{25}{6}-\square\right)=\frac{13}{15}+\frac{5}{15}$

$\frac{25}{6}-\square=\frac{8}{5}\div\frac{6}{5}$

$\frac{25}{6}-\square=\frac{4}{3}$

$\square=2\frac{5}{6}$

❷ 辺ABが通過する部分は辺AB上でCからもっとも遠い点であるBと，もっとも近い点であるDの2点が回転してできる円で囲まれた部分となる。

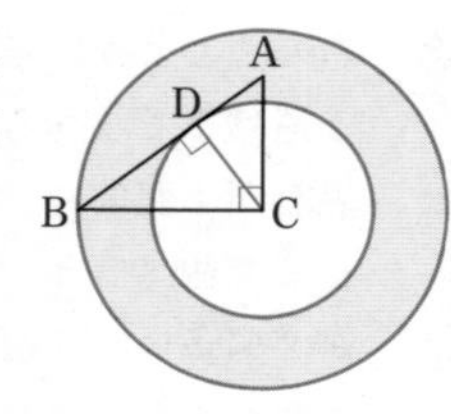

三角形ABCと三角形CBDは相似であるから，
AB：AC＝5：3 より，CB：CD＝5：3
よって，CB＝20 cm より，$CD=20\times\frac{3}{5}=12$(cm)
よって，20×20×3.14−12×12×3.14
＝(20×20−12×12)×3.14
＝256×3.14＝803.84(cm²)

❸ 面積図は下の図のようになる。

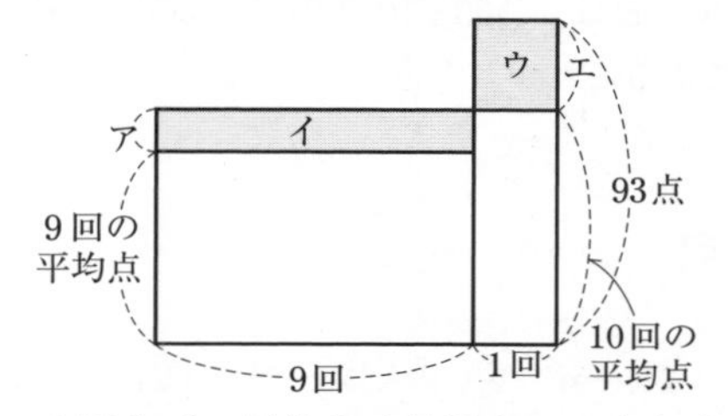

9回までの平均点は目標点に5点たりず，10回の平均点は目標点に4点たりないから，アは1点。
よって，イの面積は1×9＝9
イとウの面積は等しいから，ウの面積も9
よって，エ＝9÷1＝9(点) となる。
よって，10回の平均点は 93−9＝84(点) で，これは目標点に4点たりていないから，目標点は
84＋4＝88(点)

■ 49日目

解答

❶ $\frac{1}{9}$　❷ $1\frac{1}{3}$　❸ 75 g

解き方

❶ $\left(1-\frac{1}{3}\right)\div\left(1-\frac{1}{4}\right)\times\left(1-\frac{1}{7}\right)\div(1-\square)\times\left(1-\frac{1}{15}\right)\times\left(1-\frac{1}{16}\right)$

$=\frac{3}{4}$

$\frac{2}{3}\times\frac{4}{3}\times\frac{6}{7}\div(1-\square)\times\frac{14}{15}\times\frac{15}{16}=\frac{3}{4}$

$\frac{2}{3}\times\frac{4}{3}\times\frac{6}{7}\times\frac{14}{15}\times\frac{15}{16}\div(1-\square)=\frac{3}{4}$

$\frac{2}{3}\div(1-\square)=\frac{3}{4}$

$1-\square=\frac{8}{9}$

$\square=\frac{1}{9}$

❷ $\left\{1.25-\frac{1}{2}\div2\frac{1}{6}\times\left(\square-\frac{1}{4}\right)\right\}\div4\frac{1}{4}=\frac{4}{17}$

$\frac{5}{4}-\frac{1}{2}\times\frac{6}{13}\times\left(\square-\frac{1}{4}\right)=\frac{4}{17}\times\frac{17}{4}$

$\frac{3}{13}\times\left(\square-\frac{1}{4}\right)=\frac{5}{4}-1$

$\square-\frac{1}{4}=\frac{1}{4}\div\frac{3}{13}$

$\square=\frac{13}{12}+\frac{1}{4}$

$\square=1\frac{1}{3}$

❸ てんびん図をかくと，右の図のようになる。
ここで，10％の食塩水の量は変わらないから，
①＝③ より，
最初の予定の

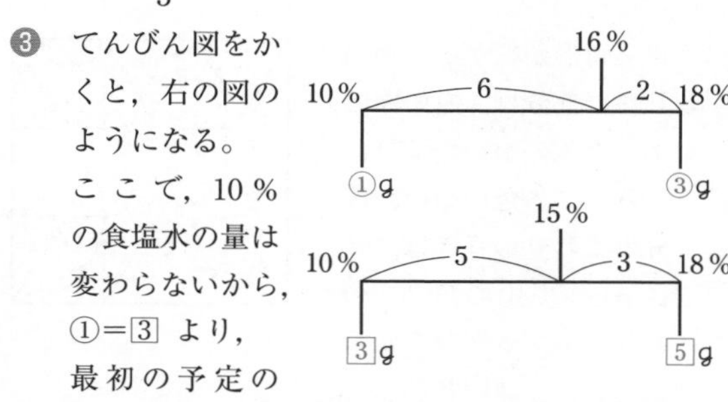

18％の食塩水の量は，③＝9
9−5＝4＝100 g より，1＝25 g
よって，はじめの10％の食塩水の量は，
25×3＝75(g)

おぼえておこう

食塩水の濃度の問題では，**てんびん図**が利用できる。

16％ 18−16
10％ 16−10 18％
○g □g

16％の食塩水を作るとき，10％の食塩水の量を○ g，18％の食塩水の量を□ gとすると，
○：□＝(18−16)：(16−10)＝1：3

■ 50日目

解答

❶ 42　❷ 1　❸ 25.12 cm

解き方

❶ $\frac{7}{200}\times\left(\frac{1}{2}+\frac{1}{3}+\frac{1}{7}-\frac{1}{\square}\right)=\left(\frac{1}{4}+\frac{1}{5}+\frac{1}{6}\right)\div\left(19-\frac{1}{2}\right)$

$\frac{7}{200}\times\left(\frac{41}{42}-\frac{1}{\square}\right)=\frac{37}{60}\times\frac{2}{37}$

$\frac{41}{42}-\frac{1}{\square}=\frac{1}{30}\times\frac{200}{7}$

$$\frac{1}{\square}=\frac{41}{42}-\frac{20}{21}$$

$$\frac{1}{\square}=\frac{1}{42}$$

$$\square=42$$

❷ $\frac{3}{13}+\frac{8}{19}+\frac{3}{22}+\frac{1}{33}+\frac{3}{38}+\frac{4}{39}$

$=\frac{9}{39}+\frac{16}{38}+\frac{9}{66}+\frac{2}{66}+\frac{3}{38}+\frac{4}{39}$

$=\frac{9+4}{39}+\frac{16+3}{38}+\frac{9+2}{66}$

$=\frac{1}{3}+\frac{1}{2}+\frac{1}{6}$

$=1$

❸ 正三角形が転がって通過しない部分は，右の図のような色のついた部分になる。この色のついた部分のまわりの長さは，半径 6 cm で中心角 30° のおうぎ形が 8 個分だから，

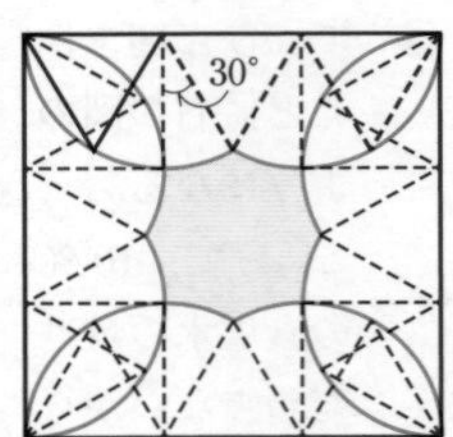

$12\times3.14\times\frac{30\times8}{360}=25.12$(cm)

■ 51 日目

解答

❶ $\frac{7}{8}$　❷ 7　❸ 55 個

解き方

❶ $\left\{\left(12\frac{1}{2}+1.75\right)\times\frac{1}{3}\right\}\div\left(4\frac{2}{3}\div\square-2\frac{1}{6}\right)=1.5$

$\left(\frac{14}{3}\div\square-\frac{13}{6}\right)=\left\{\left(\frac{25}{2}+\frac{7}{4}\right)\times\frac{1}{3}\right\}\div\frac{3}{2}$

$\frac{14}{3}\div\square-\frac{13}{6}=\frac{57}{4}\times\frac{1}{3}\times\frac{2}{3}$

$\frac{14}{3}\div\square=\frac{19}{6}+\frac{13}{6}$

$\square=\frac{14}{3}\div\frac{16}{3}$

$\square=\frac{7}{8}$

❷ 3×7=21 より，3 を 2012 個，7 を 2012 個すべてかけ合わせてできる数の一の位は，21 を 2012 個かけ合わせてできる数の一の位の 1 となる。
よって，残りの 7 を 1 個かけ合わせて，
1×7=7

❸ 右の図のように考える。

3巡目
2巡目
1巡目

1 巡(じゅん)目まで並べると，黒石が 1 個多い。2 巡目まで並べると，白石が 2 個多い。3 巡目まで並べると，黒石が 3 個多い。
よって，黒石が 10 個残っていたということは白石が 10 個多いということだから，10 巡目まで並べたことがわかる。
このとき，石は全部で，10×10=100(個) 使っている。
黒石と白石をあわせて 100 個で白石が 10 個多いということは，(100+10)÷2=55(個) が白石の個数であることがわかる。

■ 52 日目

解答

❶ 5　❷ 128 cm²　❸ 9 人以上 25 人以下

解き方

❶ $4\div5\times\left[0.5+2\div\left\{(\square+2)\times\frac{1}{3}-2\right\}\right]-0.25\times3=4.45$

$0.8\times\left[0.5+2\div\left\{(\square+2)\times\frac{1}{3}-2\right\}\right]=4.45+0.75$

$0.5+2\div\left\{(\square+2)\times\frac{1}{3}-2\right\}=5.2\div0.8$

$2\div\left\{(\square+2)\times\frac{1}{3}-2\right\}=6.5-0.5$

$(\square+2)\times\frac{1}{3}-2=2\div6$

$(\square+2)\times\frac{1}{3}=\frac{1}{3}+2$

$(\square+2)\times\frac{1}{3}=\frac{7}{3}$

$\square+2=\frac{7}{3}\div\frac{1}{3}$

$\square=5$

❷ 右の図のように，A から辺 BC に DC と平行な線を，また E から辺 DC に BC と平行な線をひく。

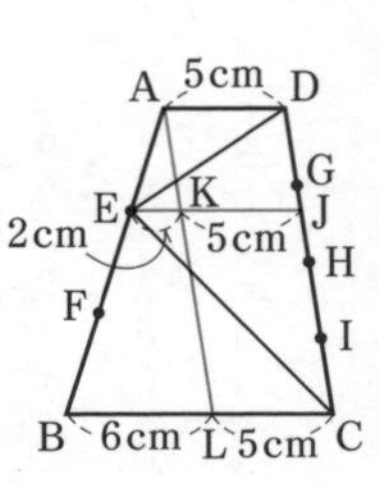

このとき，三角形 AEK と三角形 ABL は相似であり，辺の比が 1：3 だから，
EK=2 cm

よって，EJ=7 cm
三角形 ECD の面積は，三角形 EHG の面積の 4 倍だから，$14\times4=56(\mathrm{cm}^2)$
よって，EJ を底辺とすると，三角形 ECD の高さは，$56\times2\div7=16(\mathrm{cm})$
したがって，台形 ABCD の面積は，
$(5+11)\times16\div2=128(\mathrm{cm}^2)$

❸ もっとも少ない場合は，それぞれの停留所で降りた人がすべて始発から乗っていた人だった場合だから，
40－10－5－16=9(人)
2 番目と 3 番目の停留所で乗ってきた人は全部で 7+9=16(人)
3 番目と 4 番目の停留所で降りた人は全部で 5+16=21(人)
この降りる人のうち，16 人は 2 番目と 3 番目の停留所で乗ってきた人で，残りの 21－16=5(人) は始発から乗っていた人が降りるとき，始発から乗っていた人はもっとも多くなる。2 番目の停留所で降りる人を加えて，10+5=15(人) が降りるから，ずっと乗っていた人は，40－15=25(人)

■ 53 日目

解答

❶ 7　❷ $\frac{3}{10}$　❸ 24 回

解き方

❶ $\frac{41}{38}\div\left(0.94+5\frac{3}{5}\times\frac{8}{105}\right)\div\left(35-\frac{250}{31+\square}\right)=\frac{1}{36}$

$\frac{41}{38}\div\left(\frac{47}{50}+\frac{32}{75}\right)\div\left(35-\frac{250}{31+\square}\right)=\frac{1}{36}$

$\frac{41}{38}\times\frac{30}{41}\div\left(35-\frac{250}{31+\square}\right)=\frac{1}{36}$

$\frac{15}{19}\div\left(35-\frac{250}{31+\square}\right)=\frac{1}{36}$

$35-\frac{250}{31+\square}=\frac{15}{19}\div\frac{1}{36}$

$\frac{250}{31+\square}=35-\frac{540}{19}$

$\frac{250}{31+\square}=\frac{250}{38}$

$\square=7$

❷ $\frac{1}{2}\div\left\{\frac{1}{3}-\left(\frac{1}{4}-\square\times\frac{1}{6}\right)\right\}-\frac{3}{4}=3$

$\frac{1}{2}\div\left\{\frac{1}{3}-\left(\frac{1}{4}-\square\times\frac{1}{6}\right)\right\}=3+\frac{3}{4}$

$\frac{1}{3}-\left(\frac{1}{4}-\square\times\frac{1}{6}\right)=\frac{1}{2}\times\frac{4}{15}$

$\frac{1}{4}-\square\times\frac{1}{6}=\frac{1}{3}-\frac{2}{15}$

$\square\times\frac{1}{6}=\frac{1}{4}-\frac{3}{15}$

$\square=\frac{1}{20}\times6$

$\square=\frac{3}{10}$

❸ 360 を素数の積の形に表すと，
360=2×2×2×3×3×5
よって，1×2×3×4×……×100 を素数の積の形に表したときに，2，3，5 がそれぞれいくつあるかを調べる。
100÷2=50，50÷2=25，25÷2=12 余り 1，
12÷2=6，6÷2=3，3÷2=1 余り 1 より，2 は
50+25+12+6+3+1=97(個)
2×2×2 の組は 97÷3=32 余り 1 より，32 個。
100÷3=33 余り 1，33÷3=11，11÷3=3 余り 2，
3÷3=1 より，3 は 33+11+3+1=48(個)
3×3 の組は 48÷2=24(個)
同じように，5 は 24 個ある。
よって，2×2×2×3×3×5 の組は最大で 24 個だから，24 回わり切ることができる。

■ 54 日目

解答

❶ 7　❷ $\frac{1}{21}$　❸ 57.6 km

解き方

❶ $\left(11-1\frac{1}{2}\times\square\times\frac{2}{3}\right)\times4+\left(6\frac{1}{5}\times\frac{4}{3}-2\frac{1}{7}\right)\times7-2\frac{13}{15}=56$

$\left(11-\frac{3}{2}\times\square\times\frac{2}{3}\right)\times4+\left(\frac{124}{15}-\frac{15}{7}\right)\times7-\frac{43}{15}=56$

$(11-\square)\times4+\frac{643}{105}\times7-\frac{43}{15}=56$

$(11-\square)\times4+40=56$

$(11-\square)\times4=56-40$

$11-\square=16\div4$

$\square=7$

❷ $\frac{1}{63}+\frac{1}{99}+\frac{1}{143}+\frac{1}{195}+\frac{1}{255}+\frac{1}{323}+\frac{1}{399}$

$=\frac{1}{7\times9}+\frac{1}{9\times11}+\frac{1}{11\times13}+\frac{1}{13\times15}+\frac{1}{15\times17}$

$+\dfrac{1}{17\times19}+\dfrac{1}{19\times21}$

$=\dfrac{1}{2}\times\left(\dfrac{1}{7}-\dfrac{1}{9}\right)+\dfrac{1}{2}\times\left(\dfrac{1}{9}-\dfrac{1}{11}\right)$

$+\dfrac{1}{2}\times\left(\dfrac{1}{11}-\dfrac{1}{13}\right)+\dfrac{1}{2}\times\left(\dfrac{1}{13}-\dfrac{1}{15}\right)$

$+\dfrac{1}{2}\times\left(\dfrac{1}{15}-\dfrac{1}{17}\right)+\dfrac{1}{2}\times\left(\dfrac{1}{17}-\dfrac{1}{19}\right)$

$+\dfrac{1}{2}\times\left(\dfrac{1}{19}-\dfrac{1}{21}\right)$

$=\dfrac{1}{2}\times\left(\dfrac{1}{7}-\dfrac{1}{21}\right)$

$=\dfrac{1}{21}$

❸ A君とB君の速さの比は，24：16＝3：2
また，A君が休んでいる間にB君は
$16\times\dfrac{12}{60}=3.2$(km) 進むから，下の図のようになる。

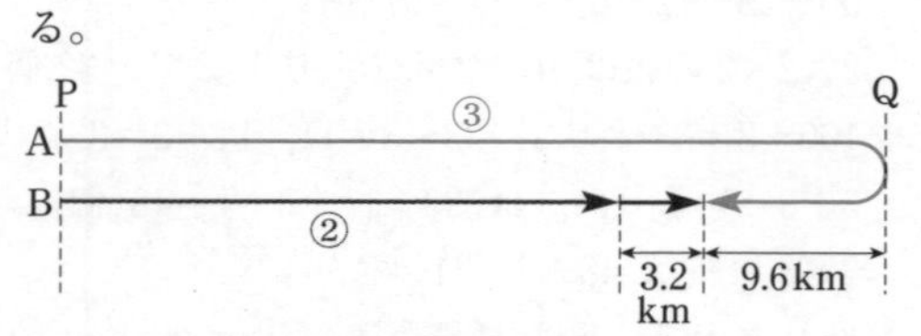

⑤＋3.2 km が PQ の往復の道のりだから，PQ の道のりは，㉅+1.6 km
また，PQ の道のりは ②＋12.8 km とも表すことができるから，
㉅－②＝12.8 km－1.6 km
⓪.⑤＝11.2 km
つまり，①＝22.4 km であることがわかる。
よって，PQ の道のりは，
22.4×3－9.6＝57.6(km)

■ 55日目

解答

❶ $\dfrac{2}{9}$　❷ 7　❸ 0.75 cm

解き方

❶ $\left\{3\dfrac{1}{4}-\left(2\dfrac{1}{3}-1.25\right)\right\}\div\left(2.6\times4.3-4.68+7\dfrac{4}{5}\times\dfrac{5}{12}\right)$

$=\left\{\dfrac{13}{4}-\left(\dfrac{7}{3}-\dfrac{5}{4}\right)\right\}\div\left(11.18-4.68+\dfrac{39}{5}\times\dfrac{5}{12}\right)$

$=\left(\dfrac{13}{4}-\dfrac{13}{12}\right)\div\left(\dfrac{13}{2}+\dfrac{13}{4}\right)$

$=\dfrac{13}{6}\div\dfrac{39}{4}$

$=\dfrac{2}{9}$

❷ □×□×{(□+1)×(□−1)−□}＝2009
2009 を素数の積の形に表すと，
2009＝7×7×41
よって，□＝7 のとき，(7＋1)×(7−1)−7＝41
より，□にあてはまる数は 7 であることがわかる。

❸ 右の図のように，断面図を考える。
CD＝CF
＝6 cm より，
AD＝4 cm
三角形 ACF は辺の比が 3：4：5 の三角形で，三角形 ACF と三角形 AGD は相似だから，球 S の半径は 3 cm
FI＝3×2＝6(cm) より，
AI＝8−6＝2(cm)
AJ：JE＝5：3，JE＝JI より，球 T の半径 JI は，
$2\times\dfrac{3}{3+5}=0.75$(cm)

■ 56日目

解答

❶ $\dfrac{3}{4}$　❷ 168 cm^2　❸ 月曜日

解き方

❶ $2\dfrac{6}{7}\div1\dfrac{3}{4}-\left\{6-\left(\square+2\dfrac{1}{3}\right)\div1\dfrac{13}{24}\right\}\times\dfrac{3}{14}+2\dfrac{1}{7}$

$=2\dfrac{45}{49}$

$\dfrac{80}{49}-\left\{6-\left(\square+\dfrac{7}{3}\right)\times\dfrac{24}{37}\right\}\times\dfrac{3}{14}=2\dfrac{45}{49}-2\dfrac{1}{7}$

$\left\{6-\left(\square+\dfrac{7}{3}\right)\times\dfrac{24}{37}\right\}\times\dfrac{3}{14}=\dfrac{80}{49}-\dfrac{38}{49}$

$6-\left(\square+\dfrac{7}{3}\right)\times\dfrac{24}{37}=\dfrac{6}{7}\times\dfrac{14}{3}$

$\left(\square+\dfrac{7}{3}\right)\times\dfrac{24}{37}=6-4$

$\square+\dfrac{7}{3}=2\times\dfrac{37}{24}$

$\square=\dfrac{37}{12}-\dfrac{7}{3}$

$\square=\dfrac{3}{4}$

❷ （図 1）　　（図 2）

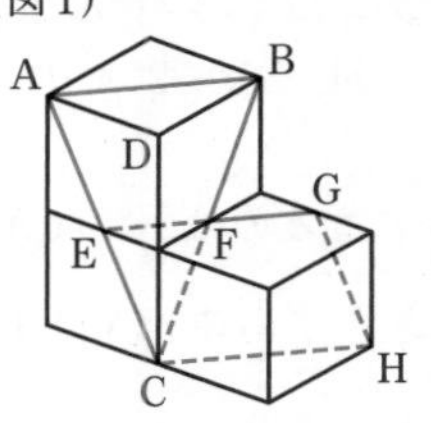

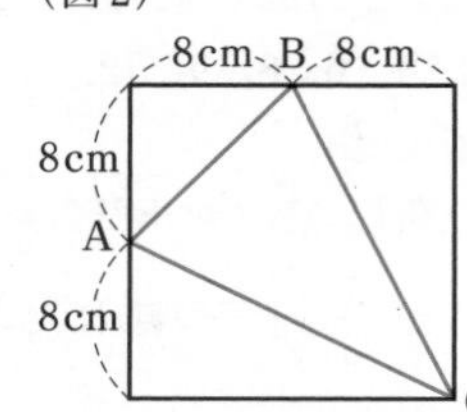

切り口は図 1 のようになる。三角すい ABCD の展開図は図 2 のようになるから，三角形 ABC の面積は，

$16\times16-8\times16\div2\times2-8\times8\div2=96(\text{cm}^2)$

台形 FGHC の面積は台形 FEAB の面積と等しい。三角形 EFC の面積は，CE：EA＝1：2 より，

$96\times\dfrac{1\times1}{2\times2}=24(\text{cm}^2)$

よって，台形 FEAB の面積は，$96-24=72(\text{cm}^2)$

したがって，切り口の図形の面積は，

$96+72=168(\text{cm}^2)$

❸ 平年では，365 日÷7 日＝52 週間 余り 1 日 より，1 年で曜日は 1 日進む。また，うるう年では，366 日÷7 日＝52 週間 余り 2 日 より，1 年で曜日は 2 日進む。

2010 年 1 月 1 日から 2032 年 1 月 1 日までの 22 年間のうち，うるう年は 2012，2016，2020，2024，2028 年の 5 年，平年は 17 年ある。

よって，1×17+2×5＝27（日分）だけ，曜日を進めると，

27 日÷7 日＝3 週間 余り 6 日 より，2032 年 1 月 1 日は木曜日。

2032 年 3 月 1 日はさらに 60 日後だから，

60 日÷7 日＝8 週間 余り 4 日

よって，木曜日から 4 日進めて，月曜日。

■ 57 日目

解答

❶ $\dfrac{3}{50}$　❷ $\dfrac{5}{6}$　❸ 7：5

解き方

❶ $(4.36-7.8\div13\times0.8)\times\dfrac{4}{97}-\left(\dfrac{5}{21}\div7\dfrac{1}{7}+\dfrac{1}{15}\right)$

$=(4.36-0.6\times0.8)\times\dfrac{4}{97}-\left(\dfrac{5}{21}\times\dfrac{7}{50}+\dfrac{1}{15}\right)$

$=3.88\times\dfrac{4}{97}-\left(\dfrac{1}{30}+\dfrac{1}{15}\right)$

$=\dfrac{388}{100}\times\dfrac{4}{97}-\dfrac{1}{10}$

$=\dfrac{4}{25}-\dfrac{1}{10}$

$=\dfrac{3}{50}$

❷ $1\div\left\{1\div\left(3\dfrac{2}{3}-2\dfrac{3}{8}+\square\right)+1\right\}=3.4\times0.2$

$1\div\left\{1\div\left(\dfrac{11}{3}-\dfrac{19}{8}+\square\right)+1\right\}=\dfrac{17}{25}$

$1\div\left(\dfrac{11}{3}-\dfrac{19}{8}+\square\right)+1=\dfrac{25}{17}$

$1\div\left(\dfrac{11}{3}-\dfrac{19}{8}+\square\right)=\dfrac{25}{17}-1$

$\dfrac{11}{3}-\dfrac{19}{8}+\square=\dfrac{17}{8}$

$\square=\dfrac{17}{8}-\dfrac{31}{24}$

$\square=\dfrac{5}{6}$

❸ すれちがうまでにＰ君が歩いた距離（きょり）を○，Ｑ君が歩いた距離を□とする。このとき，2 人の歩いた時間は等しいから，Ｐ君とＱ君の速さの比は，○：□

Ｐ君はＱ君が歩いた距離□を 25 分で歩くから，Ｐ君の分速は $\dfrac{\square}{25}$，Ｑ君はＰ君が歩いた距離○を 25＋24＝49（分）で歩くから，Ｑ君の分速は $\dfrac{\bigcirc}{49}$ となる。

よって，○：□＝$\dfrac{\square}{25}:\dfrac{\bigcirc}{49}$ となるから，

$\dfrac{\square\times\square}{25}=\dfrac{\bigcirc\times\bigcirc}{49}$ となる。

これを満たす最小の数は ○＝7，□＝5 だから，Ｐ君とＱ君の速さの比は，7：5

■ 58 日目

解答

❶ $\dfrac{13}{15}$　❷ $\dfrac{35}{36}$　❸ 1089

解き方

❶ $\left\{\left(\dfrac{7}{20}-0.22\right)\div\square-0.075\right\}\times\left(3\dfrac{8}{9}+1\dfrac{2}{3}\right)=\dfrac{5}{12}$

$\left(\dfrac{7}{20}-\dfrac{22}{100}\right)\div\square-\dfrac{3}{40}=\dfrac{5}{12}\times\dfrac{9}{50}$

$\dfrac{13}{100}\div\square=\dfrac{3}{40}+\dfrac{3}{40}$

$\square=\dfrac{13}{100}\div\dfrac{3}{20}$

$\square=\frac{13}{15}$

❷ $\frac{3}{4}+\frac{5}{36}+\frac{7}{144}+\frac{9}{400}+\frac{11}{900}$

$=\frac{3}{1\times4}+\frac{5}{4\times9}+\frac{7}{9\times16}+\frac{9}{16\times25}+\frac{11}{25\times36}$

$=\left(\frac{1}{1}-\frac{1}{4}\right)+\left(\frac{1}{4}-\frac{1}{9}\right)+\left(\frac{1}{9}-\frac{1}{16}\right)+\left(\frac{1}{16}-\frac{1}{25}\right)$

$+\left(\frac{1}{25}-\frac{1}{36}\right)$

$=1-\frac{1}{36}$

$=\frac{35}{36}$

❸ Aを9倍しても4けたの整数になるということは，Aの千の位は1しかない。
さらに，Aの百の位が2以上であれば，9倍するとくり上がって5けたの整数になってしまうから，Aは10□□または11□□となる。
このとき，Bの千の位は9になるから，Aは10□9または11□9のどちらかになる。
仮にAを1119とすると，1119×9=10071 となり，くり上がって5けたになってしまうから，11□9の場合は1109しかない。ただし，1109×9=9981となり，Bではないから，Aは10□9で，このとき，Bは9□01
Bの十の位が0になるためには，□は8しかないから，Aは1089
このとき，1089×9=9801 となり，Bである。

■ 59日目

解答

❶ $\frac{36}{49}$ ❷ 12 ❸ 40秒後

解き方

❶ $4\frac{1}{2}-\left(1+\frac{1}{2}+\frac{2}{3}+\frac{3}{4}\right)\times\left(\frac{4}{5}+\frac{5}{6}\right)\times\square$

$=1\frac{5}{6}\times\frac{3}{11}\div0.5$

$\left(\frac{12}{12}+\frac{6}{12}+\frac{8}{12}+\frac{9}{12}\right)\times\left(\frac{24}{30}+\frac{25}{30}\right)\times\square=\frac{9}{2}-1$

$\frac{35}{12}\times\frac{49}{30}\times\square=\frac{7}{2}$

$\square=\frac{7}{2}\times\frac{12}{35}\times\frac{30}{49}$

$\square=\frac{36}{49}$

❷ 936と1152の最大公約数は72，72の約数は1，2，3，4，6，8，9，12，18，24，36，72より，全部で12個。

❸ 三角形ABCが正三角形になるのは，3点A，B，Cが$\frac{1}{3}$周ずつ離(はな)れたときである。Aは1秒で$\frac{18}{120}$周，Bは1秒で$\frac{11}{120}$周，Cは1秒で$\frac{7}{120}$周回る。

AとBは1秒で $\frac{18}{120}-\frac{11}{120}=\frac{7}{120}$(周) ずつ離れるから，$\frac{1}{3}$周離れるのは，

$\frac{1}{3}\div\frac{7}{120}=\frac{40}{7}$(秒後)

さらに，その$\frac{40}{7}$秒後にも$\frac{1}{3}$周離れ，その$\frac{40}{7}$秒後にはAとBが重なる。

よって，AとBが$\frac{1}{3}$周離れるのは，$\frac{40}{7}$秒後，$\frac{80}{7}$秒後，……，40秒後，……のときである。

また，BとCは1秒で $\frac{11}{120}-\frac{7}{120}=\frac{4}{120}$(周) ずつ離れるから，BとCが$\frac{1}{3}$周離れるのは10秒後，20秒後，30秒後，40秒後，50秒後，……のときである。
40秒後のとき，
Aは18×40÷120=6余り0 より，出発地点にある。
Bは11×40÷120=3余り80 より，出発地点から80 cm回った地点にある。
Cは7×40÷120=2余り40 より，出発地点から40 cm回った地点にある。
よって，40秒後に40 cmずつ離れて，正三角形になる。

■ 60日目

解答

❶ 8 ❷ 27 cm^2 ❸ 45 cm

解き方

❶ $\left\{\left(\frac{46}{25}+0.38\right)\div2-0.01\right\}\times\left(8.75-1\frac{3}{4}\right)+1.2$

$\times3.14\div(4\times3.14)$

$=(2.22\div2-0.01)\times7+\frac{1.2\times3.14}{4\times3.14}$

$=7.7+0.3$
$=8$

❷ 右の図のように，AC に補助線をひくと，三角形 ABC は直角二等辺三角形だから，

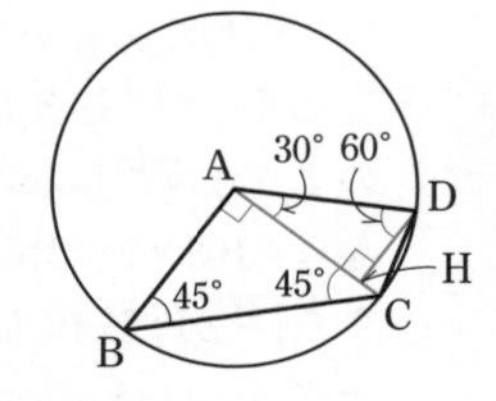

$6\times6\div2=18(\text{cm}^2)$
三角形 ACD で底辺を AC と考えると，高さ DH は AD の半分だから，3 cm
よって，三角形 ACD の面積は，
$6\times3\div2=9(\text{cm}^2)$
四角形 ABCD の面積は，
$18+9=27(\text{cm}^2)$

❸ $\dfrac{\textbf{半径}}{\textbf{母線}}=\dfrac{\textbf{中心角}}{\textbf{360°}}$ より，
中心角 AOA′＝40°
ひもは円すいを 1 回転半しているから，側面にその半分を右の図のように付けたして考える。

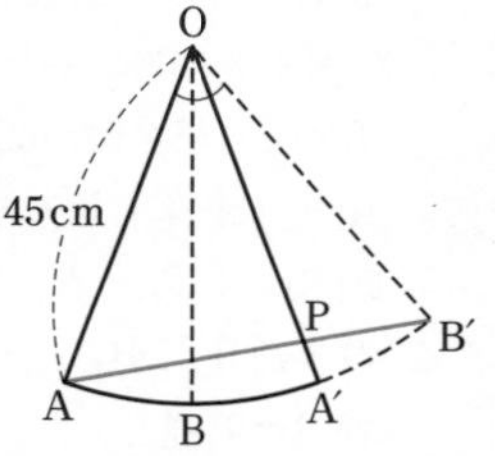

ピンと張るから，ひもの長さは AB′ の長さと等しく，角 AOB′ は 60° だから，三角形 AOB′ は正三角形。
よって，ひもの長さは，45 cm

パート 3

解答

1 60 行目の 60 番目　2 72 cm³　3 4.5 点
4 7 時 11 分 $15\dfrac{675}{719}$ 秒　5 24 cm
6 16，81，625　7 639 通り　8 1：7
9 85 cm²　10 2601 枚　11 25522　12 35
13 91125　14 1824 m

解き方

1 各行の 1 番目の数について，規則性を見つける。
1 行目の 1 番目は $1\times0+1=1$，
2 行目の 1 番目は $2\times1+1=3$，
3 行目の 1 番目は $3\times2+1=7$，
4 行目の 1 番目は $4\times3+1=13$ より，
□行目の 1 番目の数は □×(□−1)+1 となっていることがわかる。
次に，各行の並んでいる数の個数に着目すると，1 行目は 1 個，2 行目は 3 個，3 行目は 5 個，4 行目は 7 個より，□行目の数の個数は □×2−1 となっている。
そこで，まず 3600 に近い 1 番目の数をさがす。
$60\times(60-1)+1=3541$ より，60 行目の 1 番目の数は 3541
また，60 行目には $60\times2-1=119$(個) の数が並んでいる。
よって，$3600-3541=59$ より，3600 は 60 行目の $59+1=60$(番目) の数であることがわかる。
別解　□行目の□番目の数は □×□ となっていることを利用してもよい。
$3600=60\times60$ だから，3600 は 60 行目の 60 番目である。

2 右の図のように補助線をひくと，四面体 ABCD の中に正八面体があることがわかる。

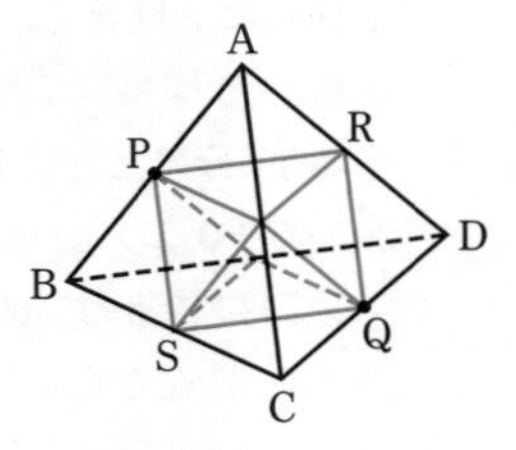

PQ=6 cm より，この正八面体の底面積は，
$6\times6\div2=18(\text{cm}^2)$
高さ RS＝PQ＝6 cm より，体積は，
$18\times6\div3=36(\text{cm}^3)$
正四面体 ABCD の四隅（よすみ）の小さな正四面体と正四面体 ABCD は相似であり，辺の比は 1：2 だから，体積の比は，

$(1\times1\times1):(2\times2\times2)=1:8$
正四面体 ABCD の体積を⑧とすると，
⑧－①×4＝④ が正八面体の体積と等しいから，
④＝36 cm^3 より，①＝9 cm^3
よって，正四面体 ABCD の体積は，
$9\times8=72$(cm^3)

おぼえておこう
2つの相似な立体では，辺の長さの比が $a:b$ のとき，体積の比は，
$(a\times a\times a):(b\times b\times b)$

3　クラス全体の合計点は，
$3.7\times40=148$(点)
$0\times2+1\times1+2\times6+3\times12+4\times5=69$(点) より，
5点と6点の人があわせて14人で，
$148-69=79$(点)
よって，5点の人の人数は，
$(6\times14-79)\div(6-5)=5$(人)
また，6点の人の人数は $14-5=9$(人) であることがわかる。
2問正解した人は13人だから，
ア＝13－(5＋5)＝3(人)
また，
ア＋イ＝12(人)
だから，
イ＝12－3＝9(人)
よって，問3を正解した人は図の色のついた部分の人数だから，
$(3\times9+4\times5+5\times5+6\times9)\div(9+5+5+9)$
$=4.5$(点)

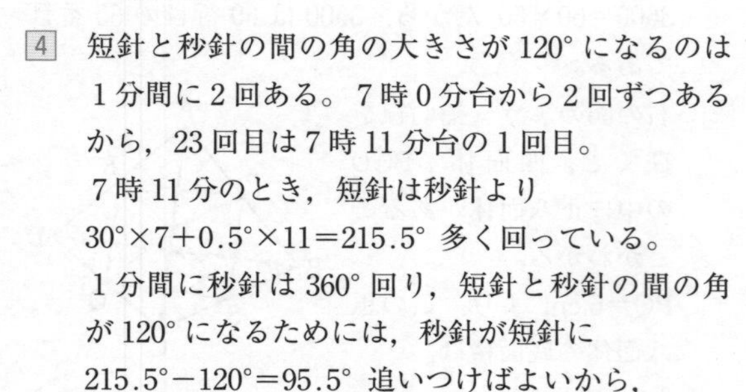

4　短針と秒針の間の角の大きさが120°になるのは1分間に2回ある。7時0分台から2回ずつあるから，23回目は7時11分台の1回目。
7時11分のとき，短針は秒針より
$30°\times7+0.5°\times11=215.5°$ 多く回っている。
1分間に秒針は360°回り，短針と秒針の間の角が120°になるためには，秒針が短針に
$215.5°-120°=95.5°$ 追いつけばよいから，
$95.5°\div(360°-0.5°)=\frac{191}{719}$(分後)
よって，$60\times\frac{191}{719}=15\frac{675}{719}$(秒後) より，
7時11分$15\frac{675}{719}$秒。

5　右の図のように，玉が動く方向に三角形 ABC を折り返した図をかくと，玉の動いたあとは PA′ のような直線になる。
A′D＝108×2＝216(cm)
また，三角形 PCQ と三角形 A′DQ は相似であり，辺の比が
27：216＝1：8 だから，
CQ：DQ＝1：8
よって，$CQ=216\times\frac{1}{1+8}=24$(cm)

6　約数の個数が奇数個のものは，1，4，9，16 などの**四角数**である。さらに，その中で約数の個数が5個のものは素数を4回かけた数だから，
$(2\times2)\times(2\times2)=16$，$(3\times3)\times(3\times3)=81$，
$(5\times5)\times(5\times5)=625$

7　100円硬貨(こうか)1枚，50円硬貨1枚の場合，残りは20円。このとき，10円硬貨は0枚，1枚，2枚の3通りだから，
$3\times3=9$(通り)
100円硬貨1枚，50円硬貨0枚の場合，残りは70円。10円硬貨は0枚～7枚の8通りより，
$8\times8=64$(通り)
同じように，100円硬貨0枚，50円硬貨3枚の場合，残りは20円より，
$3\times3=9$(通り)
100円硬貨0枚，50円硬貨2枚の場合，残りは70円より，
$8\times8=64$(通り)
100円硬貨0枚，50円硬貨1枚の場合，残りは120円より，
$13\times13=169$(通り)
10円硬貨のみの場合，10円硬貨の枚数は0枚～17枚の18通りだから，
$18\times18=324$(通り)
よって，全部で，
$9+64+9+64+169+324=639$(通り)

8　2＋1＝3 と 3＋5＝8 の最小公倍数の24gの食塩水を作ると考えると，右の図のようになる。

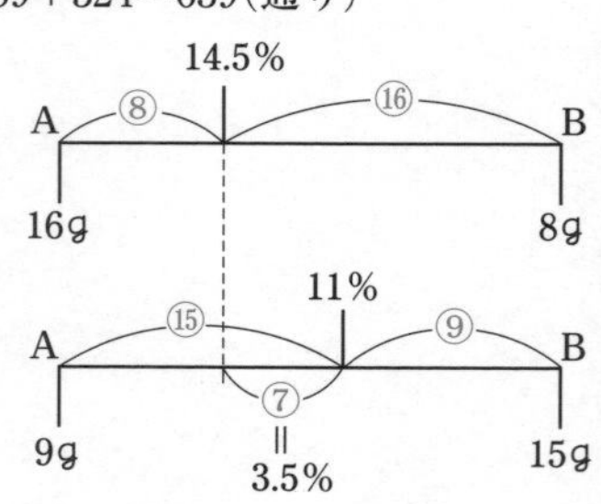

⑦=3.5％ より，①=0.5％
よって，Aは $14.5+0.5\times8=18.5$(％)
Bは $14.5-0.5\times16=6.5$(％)
8％の食塩水を作るとき，混ぜ合わせるAとBの比は，
$(8-6.5):(18.5-8)=1.5:10.5=1:7$

9 右の図のように，補助線をひく。三角形 AEH と三角形 CGF の面積は等しく，

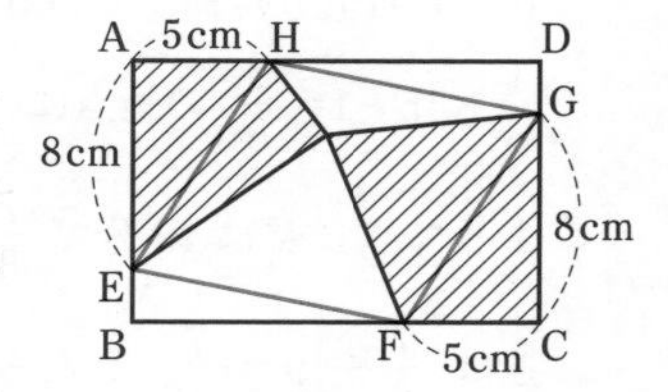

$5\times8\div2=20(\mathrm{cm}^2)$
また，四角形 EFGH は平行四辺形であることがわかる。四角形 EFGH の面積は，
$10\times15-20\times2-2\times10\div2\times2=90(\mathrm{cm}^2)$ で，
四角形 EFGH の中の斜線(しゃせん)部分の面積は，
$90\div2=45(\mathrm{cm}^2)$
よって，斜線部分の面積は，
$20\times2+45=85(\mathrm{cm}^2)$

おぼえておこう
右の図のような平行四辺形の中の1点とそれぞれの頂点を結んでできる向かいあう三角形の面積の和は，平行四辺形の面積の半分になる。（1点はどこでもよい。）

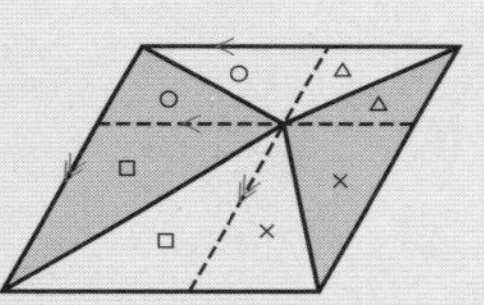

別解 右の図のように，補助線をひく。
AH を底辺とすると，三角形 AOH の高さは OP
CF を底辺とすると，三角形 COF の高さは OQ
よって，三角形 AOH と三角形 COF の面積の和は，
$5\times OP\div2+5\times OQ\div2$
$=5\times(OP+OQ)\div2$
$=5\times10\div2=25(\mathrm{cm}^2)$
同じように，三角形 AOE と三角形 COG の面積の和は，
$8\times15\div2=60(\mathrm{cm}^2)$
したがって，斜線部分の面積は，
$25+60=85(\mathrm{cm}^2)$

10 1番目のタイルの総数は4枚，2番目のタイルの総数は9枚より，□番目に使われているタイルの枚数は（□+1)×(□+1)枚となっていることがわかる。
$5101\div2=2550$ 余り1 より，四角数で 2550 に近いものをさがすと，$50\times50=2500$ が見つかるから，となり合う2つの山は，$50-1$ で，49番目と50番目であることがわかる。
また，
□番目の白いタイル+(□−1)番目の白いタイル
=□番目の白いタイル+□番目の黒いタイル
=□番目のすべてのタイル
となっていることがわかるから，49番目と50番目の白いタイルの合計枚数は，50番目のすべてのタイルの枚数と同じになり，
$51\times51=2601$(枚)

11 1けたの整数は1〜5の5通り。
2けたの整数は11〜55(ただし，0を使わない)で，$5\times5=25$(個)
3けたの整数は111〜555で，$5\times5\times5=125$(個)
同じように，4けたの整数は625個。
5けたの整数は3125個あるから，1〜5555に
$5+25+125+625+3125=3905$(個) の数が並んでいる。
よって，2012番目は5けたの整数の中で，
$2012-(5+25+125+625)=1232$(個目)
11111〜15555で625個，同じように，
21111〜25555で625個より，25555は5けたの整数の中で，$625+625=1250$(番目)
$1250-1232=18$ より，25555から18個前の数が2012番目の数だから，25522

12 2人乗りだけの場合は，
$13700\div800=17$ 余り 100
4人乗りだけの場合は，
$13700\div1500=9$ 余り 200
9〜17のうち，7の倍数は14だから，
ア+イ+ウ=14 となる。
2×ア+3×イ+4×ウ=エ=(5の倍数)，
2×ア+2×イ+2×ウ=2×14=28 より，
イ+2×ウ は2，7，12，17，…… となる。
2のとき，イ=0，ウ=1，ア=13 で，11900円となる。また，イ=2，ウ=0，ア=12 で，12000円となる。
7のとき，イ=1，ウ=3，ア=10 とすると，13700円となる。

よって，エ$=2\times10+3\times1+4\times3=35$

13 まず，下2けたを考える。

0をふくむ場合は積が0になるので考えないものとすると，11〜99の十の位の数と一の位の数の積の和だから，

$(1\times1+\cdots\cdots+1\times9)+(2\times1+\cdots\cdots+2\times9)+(3\times1+\cdots\cdots+3\times9)+\cdots\cdots+(9\times1+\cdots\cdots+9\times9)$

$=(1+2+3+\cdots\cdots+9)\times(1+2+3+\cdots\cdots+9)$

$=2025$

となる。

そして，1111〜1999で百の位が0でないものだけを考えればよいから，

$1\times1\times2025+1\times2\times2025+1\times3\times2025+\cdots\cdots+1\times9\times2025$

$=(1+2+3+\cdots\cdots+9)\times2025$

$=45\times2025$

$=91125$

となる。（ただし，2000以上は0をふくむので，積は0となり，考えなくてよい。）

14 池の周りの長さを1とする。

このとき，A君の分速は $1\div8=\frac{1}{8}$ で，A君は出発して2度目にB君を追いこすまで $19-4=15$(分) 進んでいるので，出発地点から $\frac{1}{8}\times15-1=\frac{7}{8}$ の地点にいる。

よって，B君は19分で $\frac{7}{8}$ 進むから，B君の分速は $\frac{7}{8}\div19=\frac{7}{152}$ となる。

A君とB君の分速の差は $\frac{1}{8}-\frac{7}{152}=\frac{3}{38}$ で，これが144 mにあたるので，池の周りの長さは，

$1=144\div\frac{3}{38}=1824$(m)